国家出版基金项目
NATIONAL PUBLICATION FOUNDATION

中国中药资源大典
——中药材系列
中药材生产加工适宜技术丛书
中药材产业扶贫计划

鸡血藤生产加工适宜技术

总 主 编　黄璐琦

主　　编　吕惠珍　黄雪彦

副 主 编　柯　芳　黄宝优

　　　　　胡东南　余丽莹

U0206981

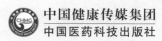
中国健康传媒集团
中国医药科技出版社

内 容 提 要

《中药材生产加工适宜技术丛书》以全国第四次中药资源普查工作为抓手，系统整理我国中药材栽培加工的传统及特色技术，旨在科学指导、普及中药材种植及产地加工，规范中药材种植产业。本书为鸡血藤生产加工适宜技术，包括：概述、鸡血藤药用资源、鸡血藤栽培技术、鸡血藤特色适宜技术、鸡血藤药材质量评价、鸡血藤现代研究与应用等内容。本书适合中药种植户及中药材生产加工企业参考使用。

图书在版编目（CIP）数据

鸡血藤生产加工适宜技术 / 吕惠珍，黄雪彦主编 . — 北京：中国医药科技出版社，2018.12

（中国中药资源大典 . 中药材系列 . 中药材生产加工适宜技术丛书）

ISBN 978-7-5214-0604-7

Ⅰ . ①鸡…　Ⅱ . ①吕…　②黄…　Ⅲ . ①鸡血藤—栽培技术　②鸡血藤—中草药加工　Ⅳ . ① S567.23

中国版本图书馆 CIP 数据核字（2018）第 275964 号

美术编辑　陈君杞
版式设计　锋尚设计

出版　**中国健康传媒集团** | 中国医药科技出版社
地址　北京市海淀区文慧园北路甲 22 号
邮编　100082
电话　发行：010-62227427　邮购：010-62236938
网址　www.cmstp.com
规格　710×1000mm　$^1/_{16}$
印张　8 $^1/_4$
字数　69 千字
版次　2018 年 12 月第 1 版
印次　2018 年 12 月第 1 次印刷
印刷　北京盛通印刷股份有限公司
经销　全国各地新华书店
书号　ISBN 978-7-5214-0604-7
定价　39.00 元

中药材生产加工适宜技术丛书

—— 编委会 ——

总 主 编 黄璐琦

副 主 编 （按姓氏笔画排序）

王晓琴	王惠珍	韦荣昌	韦树根	左应梅	叩根来
白吉庆	吕惠珍	朱田田	乔永刚	刘根喜	闫敬来
江维克	李石清	李青苗	李旻辉	李晓琳	杨 野
杨天梅	杨太新	杨绍兵	杨美权	杨维泽	肖承鸿
吴 萍	张 美	张 强	张水寒	张亚玉	张金渝
张春红	张春椿	陈乃富	陈铁柱	陈清平	陈随清
范世明	范慧艳	周 涛	郑玉光	赵云生	赵军宁
胡 平	胡本祥	俞 冰	袁 强	晋 玲	贾守宁
夏燕莉	郭兰萍	郭俊霞	葛淑俊	温春秀	谢晓亮
蔡子平	滕训辉	瞿显友			

编 委 （按姓氏笔画排序）

王利丽	付金娥	刘大会	刘灵娣	刘峰华	刘爱朋
许 亮	严 辉	苏秀红	杜 弢	李 锋	李万明
李军茹	李效贤	李隆云	杨 光	杨晶凡	汪 娟
张 娜	张 婷	张小波	张水利	张顺捷	林树坤
周先建	赵 峰	胡忠庆	钟 灿	黄雪彦	彭 励
韩邦兴	程 蒙	谢 景	谢小龙	雷振宏	

学术秘书 程 蒙

序

　　我国是最早开始药用植物人工栽培的国家，中药材使用栽培历史悠久。目前，中药材生产技术较为成熟的品种有200余种。我国劳动人民在长期实践中积累了丰富的中药种植管理经验，形成了一系列实用、有特色的栽培加工方法。这些源于民间、简单实用的中药材生产加工适宜技术，被药农广泛接受。这些技术多为实践中的有效经验，经过长期实践，兼具经济性和可操作性，也带有鲜明的地方特色，是中药资源发展的宝贵财富和有力支撑。

　　基层中药材生产加工适宜技术也存在技术水平、操作规范、生产效果参差不齐问题，研究基础也较薄弱；受限于信息渠道相对闭塞，技术交流和推广不广泛，效率和效益也不很高。这些问题导致许多中药材生产加工技术只在较小范围内使用，不利于价值发挥，也不利于技术提升。因此，中药材生产加工适宜技术的收集、汇总工作显得更加重要，并且需要搭建沟通、传播平台，引入科研力量，结合现代科学技术手段，开展适宜技术研究论证与开发升级，在此基础上进行推广，使其优势技术得到充分的发挥与应用。

　　《中药材生产加工适宜技术》系列丛书正是在这样的背景下组织编撰的。该书以我院中药资源中心专家为主体，他们以中药资源动态监测信息和技术服

务体系的工作为基础，编写整理了百余种常用大宗中药材的生产加工适宜技术。全书从中药材的种植、采收、加工等方面进行介绍，指导中药材生产，旨在促进中药资源的可持续发展，提高中药资源利用效率，保护生物多样性和生态环境，推进生态文明建设。

丛书的出版有利于促进中药种植技术的提升，对改善中药材的生产方式，促进中药资源产业发展，促进中药材规范化种植，提升中药材质量具有指导意义。本书适合中药栽培专业学生及基层药农阅读，也希望编写组广泛听取吸纳药农宝贵经验，不断丰富技术内容。

书将付梓，先睹为悦，谨以上言，以斯充序。

中国中医科学院　院长

中 国 工 程 院 院 士　张伯礼

丁酉秋于东直门

总 前 言

　　中药材是中医药事业传承和发展的物质基础，是关系国计民生的战略性资源。中药材保护和发展得到了党中央、国务院的高度重视，一系列促进中药材发展的法律规划的颁布，如《中华人民共和国中医药法》的颁布，为野生资源保护和中药材规范化种植养殖提供了法律依据；《中医药发展战略规划纲要（2016—2030年）》提出推进"中药材规范化种植养殖"战略布局；《中药材保护和发展规划（2015—2020年）》对我国中药材资源保护和中药材产业发展进行了全面部署。

　　中药材生产和加工是中药产业发展的"第一关"，对保证中药供给和质量安全起着最为关键的作用。影响中药材质量的问题也最为复杂，存在种源、环境因子、种植技术、加工工艺等多个环节影响，是我国中医药管理的重点和难点。多数中药材规模化种植历史不超过30年，所积累的生产经验和研究资料严重不足。中药材科学种植还需要大量的研究和长期的实践。

　　中药材质量上存在特殊性，不能单纯考虑产量问题，不能简单复制农业经验。中药材生产必须强调道地药材，需要优良的品种遗传，特定的生态环境条件和适宜的栽培加工技术。为了推动中药材生产现代化，我与我的团队承担了

农业部现代农业产业技术体系"中药材产业技术体系"建设任务。结合国家中医药管理局建立的全国中药资源动态监测体系，致力于收集、整理中药材生产加工适宜技术。这些适宜技术限于信息沟通渠道闭塞，并未能得到很好的推广和应用。

本丛书在第四次全国中药资源普查试点工作的基础下，历时三年，从药用资源分布、栽培技术、特色适宜技术、药材质量、现代应用与研究五个方面系统收集、整理了近百个品种全国范围内二十年来的生产加工适宜技术。这些适宜技术多源于基层，简单实用、被老百姓广泛接受，且经过长期实践、能够充分利用土地或其他资源。一些适宜技术尤其适用于经济欠发达的偏远地区和生态脆弱区的中药材栽培，这些地方农民收入来源较少，适宜技术推广有助于该地区实现精准扶贫。一些适宜技术提供了中药材生产的机械化解决方案，或者解决珍稀濒危资源繁育问题，为中药资源绿色可持续发展提供技术支持。

本套丛书以品种分册，参与编写的作者均为第四次全国中药资源普查中各省中药原料质量监测和技术服务中心的主任或一线专家、具有丰富种植经验的中药农业专家。在编写过程中，专家们查阅大量文献资料结合普查及自身经验，几经会议讨论，数易其稿。书稿完成后，我们又组织药用植物专家、农学家对书中所涉及植物分类检索表、农业病虫害及用药等内容进行审核确定，最终形成《中药材生产加工适宜技术》系列丛书。

在此，感谢各承担单位和审稿专家严谨、认真的工作，使得本套丛书最终付梓。希望本套丛书的出版，能对正在进行中药农业生产的地区及从业人员，有一些切实的参考价值；对规范和建立统一的中药材种植、采收、加工及检验的质量标准有一点实际的推动。

2017年11月24日

前 言

中药是我国历代医家和人民群众防病治病的主要武器，是中华民族医学宝库中的一颗璀璨明珠。当前，随着我国社会经济的不断发展，人类对生存环境的日益重视和回归自然浪潮的兴起，具有悠久历史和独特疗效的中医药备受世界各国人民的关注，为中医药走向世界提供了良好的机遇。

鸡血藤为大型攀援藤本植物，是历版《中华人民共和国药典》收载的重要品种，是我国传统常用的中药材。鸡血藤味苦、甘，性温。具有活血补血、调经止痛、舒筋活络的功效，用于月经不调、痛经、经闭、风湿痹痛、麻木瘫痪、血虚萎黄。近年来，国内外药理、化学以及临床研究证实，鸡血藤具有降血压、扩血管、抗血小板聚集、抗癌、抑菌、抗辐射等作用，现代临床常用鸡血藤（单用或以鸡血藤为主组方）治疗各种原因（如化疗、血液系统疾病）引起的白细胞、血小板、红细胞等减少疾病。广泛用于妇科、风湿痹痛等类型的中成药生产及配方用药，是金鸡胶囊、鸡血藤片、金鸡冲剂、鸡血藤颗粒、花红片、妇科千金片、维血宁等中成药的主要原料药。随着研究的不断深入，临床应用的病种将日趋广泛，鸡血藤的利用价值也将不断增加。

鸡血藤在我国分布地域较狭窄，主要分布于云南、广西、广东和福建等省区。与我国接壤的越南、老挝、柬埔寨、缅甸也有分布。鸡血藤生于山谷、山沟、林下、溪沟边、阳坡，攀附于大树上或平卧于地面。长期以来，人们利用的鸡血藤全部来源于野生资源，经过连续数十年的开发利用，采伐过度，野生资源遭到严重破坏，又因鸡血藤自然生长年限较长，自然繁殖力差，自身恢复能力有限，加上原生植被破坏严重，致使近十年来鸡血藤野生资源急剧减少，导致国内鸡血藤资源严重枯竭。随着鸡血藤在生物制药、养生保健等方面日益看好的市场开发前景，仅依靠野生的鸡血藤资源，远远满足不了国内外市场的需求，保证不了资源的可持续利用。

为了充分利用我国的自然条件和丰富的种质资源，科学发展鸡血藤人工种植，是减少对鸡血藤野生资源的过度采伐，维护生态环境和保护物种的重要措施。尤其是现阶段在全国范围内开展农业产业结构调整，利用本地优势，坚持做大做好山地文章，积极扩大鸡血藤人工种植面积，建立鸡血藤生产基地，将成为农业增效、农民增收的主要渠道之一。广西、广东等地，大力发展鸡血藤人工种植，种植面积不断扩大，形成了基地化生产。

由于鸡血藤生长在偏远山区，给科技工作者的深入研究带来了一定困难，系统、全面、科学、实用的栽培适宜技术尚未研究整理出来，目前可供群众参考的技术书刊很少，远远满足不了群众对一套完整的科学栽培适宜技术的需求。为了适应鸡血藤生产发展的需要，解决鸡血藤用药的紧缺状况，又能有效地保护野生鸡血藤资源，我们自20世纪90年代开始，由广西药用植物园立项，进行鸡血藤扦插育苗及栽培技术研究。2004～2005年又得到广西壮族自治区科技厅的支持，立项"中药材鸡血藤优质种苗快速繁育技术研究"、"鸡血藤规范化种植研究与示范"和"鸡血藤GAP规范生产技物配送示范"。在这些项目的资助下，我们对鸡血藤进行了大量调查、试验、示范和推广工作，并取得了一定的科研成果。通过总结这些研究成果，在参考有关资料的基础上编写成本书。

本书比较详细介绍了鸡血藤的形态特征、与混淆品的区别、生物学特性、地理分布、种苗繁育、种植技术等基础知识和技术。编者在编著过程中，力求技术先进实用，内容充实详尽，语言通俗易懂。该书可供广大农民群众、专业户、基层技术人员阅读使用，它将对鸡血藤的适宜栽培技术的推广、普及和鸡血藤生产的发展起到积极的推动作用。

由于编者水平所限，虽经多次审核，疏漏在所难免，恳请读者多加指正。

编者

2018年10月

目 录

第1章

概　述

鸡血藤，为中药材和植物的统称，因其新鲜切面有鲜红色汁液流出而得名，又名三叶鸡血藤、血藤、大血藤，以藤茎入药。鸡血藤是历版《中华人民共和国药典》收载的重要品种，是我国传统常用中药材，临床上常用于治疗血症和风湿等多种疾病，药材需求量大。长期以来，鸡血藤药材都以采收野生资源供应市场，野生资源已经严重枯竭，发展鸡血藤人工种植成为解决鸡血藤资源枯竭的必由之路。

鸡血藤适应性较强，对气候要求不太严格，耐阴、耐旱、较耐寒，喜温暖湿润、日照充足的热带、亚热带气候；对土壤要求不严，酸性至微碱性土壤均能生长，但以湿润、肥沃、土层深厚的砂质壤土生长最佳。鸡血藤栽培比较容易，而且经济寿命长。因此，鸡血藤种植产业具有极大的发展空间和潜力，市场前景广阔。

一、鸡血藤的种类

鸡血藤的来源极其复杂，各地习用品和混杂品种甚多，使用混乱。

1. 正品

《中华人民共和国药典》（2015年版，一部）规定鸡血藤应为豆科植物密花豆 *Spatholobus suberectus* Dunn的干燥藤茎。栓皮灰棕色，有的可见灰白色斑，栓皮脱落处显红棕色。切面木部红棕色或棕色，导管孔多数；韧皮部有树脂状

分泌物呈红棕色至黑棕色，与木部相间排列呈数个同心性椭圆形环或偏心性半圆形环；髓部偏向一侧。气微，味涩（图1-1～图1-5）。

图1-1　鸡血藤药材

图1-2　鸡血藤药材

图1-3　鸡血藤药材

图1-4　鸡血藤药材

图1-5　鸡血藤药材

2. 混淆品

商品鸡血藤药材的基原植物除了《中华人民共和国药典》（2015年版，一部）收载的密花豆外，还有豆科、五味子科、大血藤科等3个科共6个属15种或变种的植物。目前鸡血藤主流商品是密花豆的藤茎，约占80%，主产于广西、广东，销往全国。常春油麻藤*Mucuna sempervirens* Hemsl.的藤茎在福建省内流通，香花崖豆藤*Millettia dielsiana* Harms. ex Diels的茎及根、丰城崖豆藤*M. nitida* var. *hirsutissima* Z.Wei的根在江西和四川局部地区自产自销。凤庆南五味子*Kadsura interior* A. C. Smich、异形南五味子*Kadsura heteroclita*（Roxb.）Craib、铁箍散*Schisandra propinqua*（Wall.）Baill. var. *sinensis* Oliv的藤茎、巴豆藤*Craspedolobium schochii*（Gagnep.）Z. Wei & Pedley的根茎和根、黔滇崖豆藤*Millettia gentiliana* Levl.的茎及根茎作为熬制鸡血藤膏的原料，无商品流通，光叶密花豆*Spatholobus harmandii* Gagnep.、红血藤*S. sinensis* Chun et T. Chen、白花油麻藤*Mucuna birdwoodiana* Tutch.、大果油麻藤*M. macrocarpa* Wall.、网络崖豆藤*Millettia reticulata* Benth.的茎、美丽崖豆藤*M. speciosa* Champ.的根则在民间作鸡血藤使用。大血藤科大血藤属大血藤*Sargentodoxa cuneata*（Oliv.）Rehd. et Wils.在北京地区作鸡血藤使用，见表1-1，鸡血藤混淆品饮片见图1-6～图1-9。

表1-1 鸡血藤及其混淆品的基原植物

科名	植物名	拉丁学名	药用部位	主要产地
豆科	密花豆	*Spatholobus suberectus*	藤茎	广西、广东
	光叶密花豆	*S. harmandii*	藤茎	海南、广东
	红血藤	*S. sinensis*	藤茎	海南、广东、广西
	香花崖豆藤	*Millettia dielsiana*	藤茎、根	江西、四川、福建、安徽
	丰城崖豆藤	*M. nitida* var. *hirsutissima*	根	江西、福建
	黔滇崖豆藤	*M. gentiliana*	藤茎、根茎	云南、贵州、四川
	美丽崖豆藤	*M. speciosa*	根	海南、福建
	网络崖豆藤	*M. reticulata*	藤茎	广东、福建
	喙果崖豆藤	*M. tsui*	藤茎	湖南、海南、广西、云南
	亮叶崖豆藤	*M. nitida*	藤茎	江西、福建、台湾、广东、广西、贵州
	皱果崖豆藤	*M. oosperma*	藤茎	广东、海南、广西、贵州、云南
	少果鸡血藤	*M. pachycarpa*	藤茎	浙江、江西、福建、广东、广西、云南、四川、西藏
	常春油麻藤	*Mucuna sempervirens*	藤茎	福建、云南
	白花油麻藤	*M. birdwoodiana*	藤茎	广东、广西、云南、四川
	褐毛黧豆	*M. castatnea*	藤茎	海南
	榼藤	*Entada phaseoloides*	藤茎	福建、广东、广西、云南、海南
	巴豆藤	*Craspedolobium schochii*	根茎、根	云南、贵州、四川
	毛宿苞豆	*Shuteria involucrate* var. *villosa*	全草	云南
五味子科	内南五味子	*Kadsura interior*	藤茎	云南凤庆
	异形南五味子	*K. heteroclita*	藤茎	云南、广西、广东
	黄龙藤	*Schisandra propinqua* var. *intermedia*	藤茎	云南凤庆
	铁箍散	*Schisandra propinqua* var. *sinensis*	藤茎	云南凤庆
大血藤科	大血藤	*Sargentodoxa cuneata*	藤茎	河南、江苏、安徽、江西、福建、广东、广西、云南
猕猴桃科	革叶猕猴桃	*Actinidia coriacea*	藤茎	河南、江苏、安徽、江西、福建、广东、云南
葡萄科	扁茎崖爬藤	*Tetrastigma planicaule*	藤茎	广西、广东、福建、云南、西藏
紫金牛科	白花酸藤子	*Embelia ribes*	藤茎	广西、云南、广东

图1-6 鸡血藤药材（常春油麻藤）　　　　图1-7 鸡血藤药材（白花油麻藤）

图1-8 鸡血藤药材（异形南五味子）　　　　图1-9 鸡血藤药材（大血藤）

二、鸡血藤的性味、功能与主治

1. 药用部位

豆科植物密花豆*Spatholobus suberectus* Dunn的藤茎。

2. 性味

鸡血藤味苦、甘，性温。归肝、肾经。

（1）《饮片新参》"苦、涩、香、微甘。"

（2）《广西本草选编》"味微苦、甘、涩，性平。"

（3）南药《中草药学》"甘、平，微温，入肝、肾经。"

（4）《中华本草》"味苦、微甘，性温。归肝、肾经。"

3. 功能与主治

鸡血藤具有活血补血、调经止痛、舒筋活络的功效，用于月经不调、痛经、经闭、风湿痹痛、麻木瘫痪、血虚萎黄。

（1）《饮片新参》"去瘀血，生新血，流利经脉。治暑痧，风血痹瘫。"

（2）《广西本草选编》"活血补血，通经活络。""贫血，月经不调，风湿痹痛，四肢麻木，关节疼痛。"

（3）《现代实用中药》"为强壮性补血药，适用于贫血性神经麻痹症，如肢体及腰膝酸痛，麻木不仁等。又用于妇女月经不调、月经闭止等，有活血镇痛之效。"

（4）《全国中草药汇编》"放射反应引起的白细胞减少症。"

三、鸡血藤市场动态及应用前景

现代药理研究表明，鸡血藤具有降血压、扩血管、抗血小板聚集、抗癌、抑菌、抗辐射等作用，现代临床常用鸡血藤（单用或以鸡血藤为主组方）治疗各种原因（如化疗、血液系统疾病）引起的白细胞、血小板、红细胞等减少疾

病。广泛用于妇科、风湿痹痛等类型的中成药生产及配方用药。是金鸡胶囊、鸡血藤颗粒、花红片、妇科千金片等中成药的主要原料药，据统计，以鸡血藤为原料生产的中成药90余种，以鸡血藤为原料组成中药复方制剂获得的专利项目亦有120多项。此外，鸡血藤也用于美容、养生保健、洗发用品等产品的开发。

然而，商品鸡血藤药材全部来源于野生资源，经过连续数十年的开发利用，采伐过度，加之其生长年限较长，自然繁殖力差，自身恢复能力有限，加上原生植被破坏严重，致使近十年来鸡血藤野生资源急剧减少，导致国内鸡血藤资源严重枯竭，广东省的密花豆资源已濒临枯竭，上市量很少。广西、云南、福建等省区产地虽尚有一定的野生资源，但蕴藏量也已不多，目前国内年收购量仅有2000吨左右。市场上鸡血藤药材主要来源于从中越、中缅等边境进口。而药材的货源主要来自越南、缅甸等周边国家，而周边国家又采取了封山育林和划地区砍采鸡血藤及限量进入边贸市场贸易等措施，从而使市场上鸡血藤药材供不应求。开展鸡血藤人工种植，是解决供求矛盾的最有效途径，具有显著的社会效益和经济效益。

第2章

鸡血藤药用资源

一、形态特征和分类检索

1. 密花豆 *Spatholobus suberectus* Dunn——豆科

密花豆为大型攀援木质藤本，幼时呈灌木状（图2–1）。老藤扁圆柱形，稍扭转，灰褐色，砍断后有鸡血状汁液渗出，横断面呈数圈偏心环；小枝圆柱形（图2–2）。叶互生，三出复叶，小叶纸质或近革质，顶生小叶两侧对称，宽椭圆形、宽倒卵形至近圆形，长9～19cm，宽5～14cm，先端骤缩为短尾状，基部宽楔形，侧生小叶基部偏斜，基部宽楔形或圆形，两面近无毛或略被微毛，下面脉腋间常有髯毛；侧脉6～8对，微弯；小叶柄长5～8mm；小托叶针状，长3～6mm，早落。圆锥花序腋生或生于小枝顶端，长达50cm，花序轴、花梗被

图2–1　密花豆植株　　　　　　　图2–2　密花豆横切面

黄褐色短柔毛；小花近无柄，单生或2～3朵簇生于花序轴的节上成穗状；花萼短小，肉质筒状，5齿，上面2齿多少合生，外面密被黄褐色短柔毛；蝶形花冠白色，肉质，旗瓣扁圆形，先端微凹；翼瓣斜和龙骨瓣的基部一侧具短尖耳垂；雄蕊内藏，花药球形；子房近无柄，下面被糙伏毛（图2-3）。荚果近镰形，长8～11cm，宽2.5～3cm，厚约0.1cm，表面黄绿色，膜质，微突网状纹，密被棕色短绒毛，顶部稍厚，具1粒种子，极少数有2粒种子基部具长4～9mm的果颈，弯曲（图2-4）；种子扁长圆形，中部膨大，边缘较薄，长约2cm，宽约1cm，种皮衣状，黄色或紫褐色，薄而光滑，无光泽，一端中部有短线形白色种脐，质软；子叶与胚绿色，子叶2片，对称。气微，味苦。花期6月，果期11～12月。

图2-3 密花豆花序

图2-4 密花豆果序

2. 光叶密花豆*S. harmandii* Gagnep. ——豆科

攀援藤本。幼枝被短柔毛，老后渐变无毛。三出复叶，小叶革质至厚革质，侧生小叶两侧对称或近对称，长圆形、椭圆形或阔倒卵形，长7.5～13cm，宽3～6cm，无毛。圆锥花序腋生，疏被棕褐色短柔毛，或后变无毛；花紫红色。荚果长8～9cm，下部宽2.2～2.5cm，上部宽1.6～1.8cm，被棕色短柔毛，先端钝，基部无果颈；种子黑色，无光泽。花期3月，果期6～7月。

3. 红血藤*S. sinensis* Chun et T. Chen——豆科

攀援藤本。幼枝紫褐色，疏被短柔毛，后变无毛。三出复叶，小叶革质，长圆状椭圆形，顶生的长5～9.5cm，宽2～4cm，上面光亮无毛，下面中脉密被棕色糙伏毛；小叶柄膨大，密被糙伏毛。圆锥花序通常腋生，长5～10cm，密被棕褐色糙伏毛；花紫红色。荚果斜长圆形，长6～9cm，中部以下宽2～2.5cm，上部较狭，被棕色长柔毛，无果颈或具1～3mm长的短果颈；种子黑色，无光泽。花期6～7月，果期翌年1月。

4.香花崖豆藤*Millettia dielsiana* Harms. ex Diels——豆科

攀援灌木，长2～5m。茎皮灰褐色，剥裂，枝无毛或被微毛。羽状复叶长15～30cm；叶柄长5～12cm；小叶2对，纸质，披针形，长圆形至狭长圆形，长5～15cm，宽1.5～6cm，上面几无毛，下面被平伏柔毛或无毛。圆锥花序顶生，宽大，长达40cm；花紫红色。荚果线形至长圆形，长7～12cm，宽1.5～2cm，扁平，密被灰色绒毛，有种子3～5粒；种子长圆状凸镜形。花期5～9月，果期6～11月（图2-5）。

图2-5　香花崖豆藤

5.丰城崖豆藤*M. nitida* var. *hirsutissima* Z.Wei——豆科

攀援灌木。茎皮锈褐色，粗糙，枝初被锈色细毛，后秃净。羽状复叶长15～20cm；叶柄长3～6cm；小叶2对，硬纸质，卵形，长3～7cm，宽1.7～3cm，上面暗淡，下面密被红褐色硬毛。圆锥花序顶生，粗壮，长10～20cm，密被锈褐色绒毛；花单生，青紫色。荚果线状长圆形，长10～14cm，宽1.5～2cm，密被黄褐色绒毛，顶端具尖喙，基部具颈；有种子4～5粒；种子栗褐色，光亮。花期5～9月，果期7～11月。

6.黔滇崖豆藤*M. gentiliana* Levl.——豆科

藤本。茎灰褐色，粗糙，枝初被灰色细柔毛，后秃净。羽状复叶长12～18cm；叶柄长3～5cm；小叶2对，厚纸质，卵状椭圆形或长圆状椭圆形，顶生小叶长约18cm，宽约8cm，几无毛或略被稀疏柔毛。圆锥花序顶生，长8～15cm，密被黄褐色绒毛，花单生，紫红色。荚果线形，肿胀，长8～15cm，

径1.5～2cm，密被黄色绒毛，先端具弯曲的尖喙，基部具短颈，有种子5～6粒；种子阔卵形。花期6～7月，果期10～11月。

7.美丽崖豆藤*M. speciosa* Champ. ——豆科

藤本，树皮褐色。小枝圆柱形，初被褐色绒毛，后渐脱落。羽状复叶长15～25cm；叶柄长3～4cm；小叶通常6对，硬纸质，长圆状披针形或椭圆状披针形，长4～8cm，宽2～3cm，上面无毛，光亮，下面被锈色柔毛或无毛。圆锥花序腋生，常聚集枝梢成带叶的大型花序，长达30cm，密被黄褐色绒毛，花1～2朵并生或单生密集于花序轴上部呈长尾状；花大，长2.5～3.5cm，有香气；花梗、花萼、花序轴均被黄褐色绒毛；花白色、黄色至淡红色（图2-6）。荚果线状，伸长，长10～15cm，宽1～2cm，扁平，顶端狭尖，具喙，基部具短颈，密被褐色绒毛，有种子4～6粒；种子卵形（图2-7）。花期7～10月，果期次年2月。

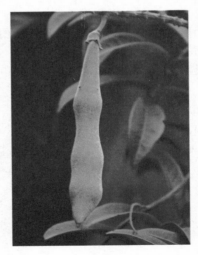

图2-6　美丽崖豆藤花序　　　　图2-7　美丽崖豆藤果实

8.网络崖豆藤*M.* reticulata Benth. ——豆科

藤本。小枝圆形，具细棱，初被黄褐色细柔毛，后秃净，老枝褐色。羽状复叶长10～20cm；叶柄长2～5cm；小叶3～4对，硬纸质，卵状长椭圆形或长圆形，长（3～）5～6（～8），宽1.5～4cm，两面均无毛，或被稀疏柔毛。圆锥花序顶生或着生枝梢叶腋，长10～20cm，花序轴被黄褐色柔毛；花密集，单生于分枝上；花红紫色。荚果线形，狭长，长约15cm，宽1～1.5cm，扁平，有种子3～6粒；种子长圆形。花期5～11月。

9.常春油麻藤*Mucuna sempervirens* Hemsl. ——豆科

常绿木质藤本，长可达25m。老茎直径超过30cm，树皮有皱纹，幼茎有纵棱和皮孔，断面开始是淡红褐色，几小时后变为黑色（图2-8、图2-9）。羽状复叶具3小叶，叶长21～39cm；小叶纸质或革质，顶生小叶椭圆形，长圆形或卵状椭圆形，长8～15cm，宽3.5～6cm，侧生小叶极偏斜，长7～14cm，无毛。

图2-8　常春油麻藤横切面（新鲜）　　图2-9　常春油麻藤横切面（稍晾干）

15

总状花序生于老茎上，长10～36cm，无香气或有臭味；花萼密被暗褐色伏贴短毛，外面被稀疏的金黄色或红褐色脱落的长硬毛；花冠深紫色，长约6.5cm（图2-10）。果木质，带形，长30～60cm，宽3～3.5cm，厚1～1.3cm，种子间缢缩，近念珠状，边缘多数加厚，无翅，具红褐色短毛和刚毛，种子4～12颗，内部隔膜木质；棕色，扁长圆形，长约2.2～3cm，宽2～2.2cm，厚1cm。花期4～5月，果期8～10月。

图2-10　常春油麻藤花序

10.白花油麻藤 *M. birdwoodiana* Tutch. ——豆科

常绿、大型木质藤本。老茎外皮灰褐色，断面淡红褐色，有3～4偏心的同心圆圈，断面先流白汁，2～3分钟后有血红色汁液形成（图2-11）；幼茎无

（a）　　　　　　　　　　　　（b）

图2-11　白花油麻藤横切面b

毛或节间被伏贴毛。羽状复叶具3小叶，叶长17～30cm；叶柄长8～20cm；叶

轴长2～4cm；小叶近革质，顶生小叶椭圆形，卵形或略呈倒卵形，通常较

长而狭，长9～16cm，宽2～6cm，两面无毛或散生短毛；小叶柄具稀疏短毛

（图2-12）。总状花序生于老枝上，长20～38cm，有花20～30朵；花萼密被

浅褐色伏贴毛和红褐色脱落的粗刺毛；花冠白色或带绿白色（图2-13）。果

图2-12　白花油麻藤叶　　　　　图2-13　白花油麻藤花序

木质，带形，长30～45cm，宽3.5～4.5cm，厚1～1.5cm，近念珠状，密被红褐色短绒毛，幼果常被红褐色脱落的刚毛，具狭翅（图2-14）；种子5～13颗，深紫黑色，近肾形。花期4～6月，果期6～11月。

11.大果油麻藤 *M. macrocarpa* Wall.——豆科

图2-14 白花油麻藤果实

大型木质藤本。茎具纵棱脊和褐色皮孔，被伏

贴灰白色或红褐色细毛，尤以节上为密，老茎常光秃无毛，断面先是流出淡红褐色汁液，后变为黑色（图2-15）。羽状复叶具3小叶，叶长25～33cm；小叶纸质或革质，顶生小叶椭圆形、卵状椭圆形、卵形或稍倒卵形，长10～19cm，宽5～10cm；侧生小叶极偏斜；上面无毛或被灰白色或带红色伏贴短毛，在脉上和嫩叶上常较密（图2-16）。花序通常生在老茎上，长5～23cm，常有恶臭；花

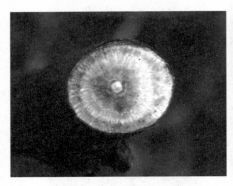

图2-15 大果油麻藤横切面

图2-16 大果油麻藤枝叶

梗、花萼密被伏贴的深褐色或淡褐色短毛和灰白或红褐色脱落的刚毛；花冠暗

紫色，但旗瓣带绿白色（图2-17）。果木质，带形，长26～45cm，宽3～5cm，

厚7～10mm，近念珠状，密被红褐色细短毛，具6～12颗种子（图2-18）；种子

黑色，盘状，两面平，暗褐色或黑色。花期4～5月，果期6～7月。

图2-17　大果油麻藤花序　　　　　　　图2-18　大果油麻藤果实

12.巴豆藤*Craspedolobium schochii*（Gagnep.）Z. Wei & Pedley ——豆科

攀援灌木，长约3m。茎具髓，初时被黄色平伏细毛，老枝渐秃净，暗褐

色，具纵棱，密生褐色皮孔。羽状三出复叶，长12～18cm；叶柄长占4～7cm；

小叶倒阔卵形至宽椭圆形，长5～9cm，宽3～6cm，具长小叶柄，下面被平

伏细毛，脉上甚密。总状花序着生枝端叶腋，长15～25cm，常多枝聚集成大

型的复合花序；花长约1cm；花萼、花梗、苞片均被黄色细绢毛；花冠红色

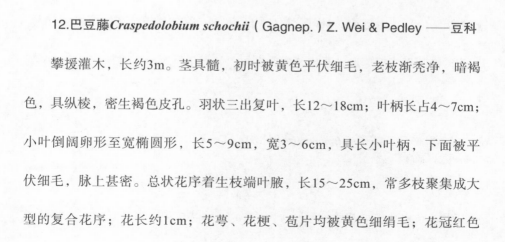

（图2-19）。荚果线形，长6～9cm，宽1.2cm，密被褐色细绒毛，具短尖喙，具狭翅，有种子3～5粒；种子圆肾形，扁平。花期6～9月，果期9～10月。

（a）　　　　　　　　　（b）

图2-19　巴豆藤花序

13.凤庆南五味子*Kadsura interior* A. C. Smich ——五味子科

常绿木质藤本，无毛，新枝暗绿色。茎暗紫绿色，有灰白色皮孔，主根黄褐色，横切面暗紫色。单叶互生，纸质，椭圆形或卵状椭圆形，长6～13cm，宽3～6cm，全缘或有小齿。花单性同株，雄花：花被片乳黄色，14～18片；雄蕊群椭圆体形或近球形，具雄蕊约60枚。雌花：花被片与雄花的相似而较大；雌蕊群卵圆形或近球形，具雌蕊60～70枚。聚合果近球形，直径5～10cm。花期5～6月，果熟期9月。

14.异形南五味子*K. heteroclita*(Roxb.)Craib

常绿木质大藤本，无毛；小枝褐色，干时黑色，有明显深入的纵条纹，具椭圆形点状皮孔，老茎木栓层厚（图2-20），块状纵裂。单叶互生，卵状椭圆

图2-20 异形南五味子藤茎

形至阔椭圆形，长6～15cm，宽3～7cm，全缘或上半部边缘有小锯齿。花单生于叶腋，雌雄异株，花被片白色或浅黄色，11～15片；雄花：雄蕊群椭圆体形，具雄蕊50～65枚。雌花：雌蕊群近球形，具雌蕊30～55枚。聚合果近球形，直径2.5～4cm；种子2～3粒，少有4～5粒，长圆状肾形。花期5～8月，果期8～12月。

15.铁箍散*Schisandra propinqua*（Wall.）Baill. var. *sinensis* Oliv

落叶木质藤本，全株无毛，当年生枝褐色或变灰褐色，有银白色角质层（图2-21）。单叶互生，坚纸质，卵形、长圆状卵形或狭长圆状卵形，长7～11（17）cm，宽2～3.5（5）cm，具齿，有时近全缘。花橙黄色，常单生或2～3朵聚生于叶腋，或一花梗具数花的总状花序（图2-22）。聚合果长3～15cm，直径1～2mm，具10～30枚成熟心皮（图2-23）；种子肾形、近圆形，灰白色，光滑。花期6～8月，果期8～9月。

图2-21 铁箍散植株

图2-22 铁箍散花序

图2-23 铁箍散果序

16. 大血藤*Sargentodoxa cuneata*（Oliv.）Rehd. et Wils.

落叶木质藤本，长达到10余米（图2-24）。藤径粗达9cm，全株无毛；当年枝条暗红色，老树皮有时纵裂。三出复叶，或兼具单叶，稀全部为单叶；叶柄长3～12cm；小叶革质，顶生小叶近棱状倒卵圆形，长4～12.5cm，宽

图2-24 大血藤

3～9cm，先端急尖，全缘。总状花序长6～12cm，雄花与雌花同序或异序，同序时，雄花生于基部；花多数，黄色，芳香；萼片6，花瓣状；花瓣6，小。浆果近球形，直径约1cm，成熟时黑蓝色。种子卵球形，黑色，光亮，平滑。花期4～5月，果期6～9月。

植物分类检索表

1 浆果

  2 聚合浆果；单叶互生 ······························ 五味子科Schisandraceae

   3 结果时成熟心皮集合成肉质的球状体 ············· 南五味子属Kadsura

    4 最外层的花被片不退化成苞片状；心皮60～75 ····

    ···························· 凤庆南五味子K. interior

    4 最外层的花被片退化成苞片状；心皮30～55 ·······

    ···························· 异形南五味子K. heteroclitea

   3 结果时成熟心皮排列于一极延长的果托上 ········· 五味子属Schisandra

   ························· 铁箍散S. propinqua var. sinensis

  2 非聚合浆果；三出复叶 ················ 大血藤科Sargentodoxaceae

  ···························· 大血藤Sargentodoxa cuneata

1 荚果 ································· 豆科Leguminosae

   5 木质藤本；小叶3枚；荚果木质，长约30cm ········· 黎豆属Mucuna

    6 小枝、叶柄、叶背面和荚果密生褐色茸毛 ·········

    ························· 大果油麻藤M. macrocarpa

    6 植株无毛或仅叶背面被稀疏毛

     7 花冠白色；荚果沿缝线有锐翅；种子肾形，黑色 ·········

     ························白花油麻藤M. birdwoodiana

7 花冠红紫色；荚果无翅；种子扁长圆形，棕色…… **常春油麻藤M. simperirens**

5 攀援灌木或木质藤本；小叶3至多数；荚果非木质，短于15cm

8 荚果扁平，舌状；小叶3枚 ……………………**密花豆属Spatholobus**

9 木质藤本，茎扁圆柱形；小叶宽椭圆形，宽大于7cm …………………

…………………………………………………… **密花豆S. suberectus**

9 攀援灌木，茎圆柱形；小叶椭圆形至长椭圆形，宽小于7cm

10 小叶背面和叶柄被褐色糙伏毛 ……………… **红血藤S. sinensis**

10 小叶背面和叶柄全部无毛 ……………… **光叶密花豆S. harmandii**

8 荚果非舌状；小叶3至多数

11 小叶3枚；荚果具狭翅 ………… **巴豆藤Craspedolobium schochii**

11 小叶5至多数；荚果无翅 ……………………………… **崖豆藤属**

12 小叶5枚

13 荚果膨胀，近球形 ……………… **黔滇崖豆藤M. gentiliana**

13 荚果扁平，条形

14 小叶长椭圆形、披针形；叶背面无毛或疏生短柔毛；荚果

无果颈 ………………**香花崖豆藤M. dielsiana**

14 小叶卵形；叶背面密生红褐色硬毛；荚果有果颈 …………

………………………… **丰城崖豆藤M. nitida var. hirsutissima**

12 小叶7至多数

15　小叶7～17；花冠白色 …………………………………… **美丽崖豆藤*M. speciosa***

15　小叶（5～）7～9（～11）；花冠紫红色 ……………… **网络崖豆藤*M. reticulata***

二、生物学特性

（一）对环境条件的要求

鸡血藤适应性强，对环境条件的要求不严，生于山地疏林或密林沟谷或灌丛中，攀附于大树上或平卧于地面。

1. 光照

光对植物的影响主要有两个方面：其一，光是绿色植物进行光合作用的必要条件；其二，光能调节植物整个的生长和发育的过程。药用植物的生长发育就是靠光合作用提供所需的有机物质。另外，光可以抑制植物细胞的纵向伸长，使植株生长健壮。依靠光来控制植物的生长、发育和分化称为光的形态建成。光质、光照度及光照时间都与药用植物生长发育密切相关，对药材的品质和产量产生影响。鸡血藤为耐阴植物，在日光照射良好环境能生长，但在微荫蔽情况下也能较好地生长。幼株喜阴，荫蔽度以40%～60%为宜，成年株喜光，稍耐阴。在生产实践中常看到过于荫蔽情况下，生长弱、枝条细、节间长、木质化程度低、发枝力弱，在枝条过于密集地方一些枝条常因缺少光照而枯死。因此，在生产过程中应注意合理密植、栽植方式和修剪，充分利用土地空间和

光照，提高药材产量和品质。

2. 水分

水不仅是植物体的组成成分之一，而且在植物体生命活动的各个环节中发挥着重要的作用。首先，它是原生质的重要组成成分，同时还直接参与植物的光合作用、呼吸作用、有机质的合成。鸡血藤藤茎的水分含量在60%～70%。鸡血藤喜湿润，耐干旱，忌积水，雨水过多根腐烂。鸡血藤在水分充足的地方生长旺盛，着地生根，藤蔓长且粗壮，节间长，而在干旱的地方生长缓慢，着地不生根，藤蔓细而短。

3. 温度

温度是植物生长发育的重要环境因子之一，药用植物只能在一定的温度范围内进行正常的生长发育。植物生长和温度的关系存在"三基点"——最低温度、最适温度、最高温度。超过两个极限温度范围，植物生理活动就会停止，甚至全株死亡。了解药用植物对温度适应的范围及其与生长发育的关系，是确定其生产分布范围、安排生产季节、夺取优质高产的重要依据。鸡血藤喜温暖的热带、亚热带气候。

云南、广西、广东是全国鸡血藤的主要分布区域，其中云南省境内鸡血藤分布区域最广，其温度变化范围也最大，其年均气温变幅为14.7～24.4℃，而广西、广东、福建的鸡血藤分布区域年平均气温均在这范围内。通过对鸡血藤主要分布区域气象因子的信息采集和统计，鸡血藤野生资源分布在最高极端气温43.2℃、最低极端气温为−5.5℃气温条件的区域。结合鸡血藤的野生资源调查，初步了解在不同的分布区及气候条件下鸡血藤的生长情况。当夏季出现短期高温天气（40℃）时，加上正逢夏季多雨高湿气候，鸡血藤正处于旺盛的营养生长期，其生长未出现明显受阻影响。

此外，通过栽培过程中温度对鸡血藤的影响观察，在冬季短暂的低温霜冻条件下鸡血藤会出现落叶、嫩枝干枯等现象，长期低温霜冻灾害严重则会发生枯枝甚至死亡，尤其对种苗影响较大（表2–1），而种苗耐受低温灾害能力往往弱于植株，当气温低于0℃时，明显表现出叶片及梢枝枯死受冻害，而短期低温天气时三年龄以上的野生及种植植株叶片枝梢未出现枯死现象，可见鸡血藤具有一定的耐寒性。整体而言，鸡血藤喜温热气候条件。

表2–1　冬季气温对贺州鸡血藤基地植株生长的影响

时间	极端最低温度（℃）	鸡血藤生长情况
2003年12月～2004年2月	0.0（1月22日）	少数嫩枝受冻害
2004年12月～2005年2月	−0.8（1月1日）	大部分植株冻害严重，上部枝条干枯
2005年12月～2006年2月	1.0（1月9日）	基本没有冻害

4. 土壤

土壤是药用植物栽培的基础，是药用植物生长发育所必需的水、肥、气、热的供给者。除了少数寄生和漂浮的水生药用植物外，绝大多数药用植物都生长在土壤里。因此，创造良好的土壤结构、改良土壤性状、不断提高土壤肥力，提供适合药用植物生长发育的土壤条件，是搞好药用植物栽培的基础，中国第2次土壤普查标准见表2-2。

表2-2　中国第2次土壤普查标准

土壤属性	低标准值	中等标准值	高标准值
pH值	4.5	5.5	6.5
有机质（g/kg）	10	20	30
全N（g/kg）	0.75	1.5	2.0
全P（g/kg）	0.75	1.5	2.0
全K（g/kg）	10	20	30
碱解N（mg/kg）	60	120	180
速效P（mg/kg）	5	10	20
速效K（mg/kg）	50	100	200

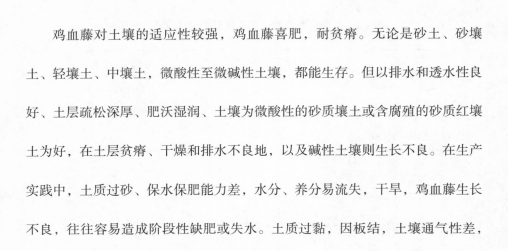

　　鸡血藤对土壤的适应性较强，鸡血藤喜肥，耐贫瘠。无论是砂土、砂壤土、轻壤土、中壤土，微酸性至微碱性土壤，都能生存。但以排水和透水性良好、土层疏松深厚、肥沃湿润、土壤为微酸性的砂质壤土或含腐殖的砂质红壤土为好，在土层贫瘠、干燥和排水不良地，以及碱性土壤则生长不良。在生产实践中，土质过砂、保水保肥能力差，水分、养分易流失，干旱，鸡血藤生长不良，往往容易造成阶段性缺肥或失水。土质过黏，因板结，土壤通气性差，

鸡血藤根系呼吸受阻，土壤中有益微生物活动困难，不利于养分分解利用，根系生长不利，枝条生长缓慢。

鸡血藤种植基地的土壤，氮、磷元素和有机质含量均较低（表2-3、表2-4），通过施用腐熟的有机肥作基肥，增施磷酸二氢铵以加强氮、磷元素的补充，鸡血藤生长旺盛。

表2-3　贺州鸡血藤种植基地土壤肥力

序号	项目	检测结果
1	pH值	6.74
2	全N（mg/kg）	0.75
3	全P（mg/kg）	188.8
4	全K（%）	2.35
5	速效氮（N），mg/100g	3.49
6	有效磷（P），mg/kg	2.84
7	有效钾（K），mg/kg	90.70
8	有机质，g/kg	2.93

表2-4　广东平远鸡血藤种植基地土壤肥力

序号	项目	育苗地表层	育苗地深层	大田表层	大田深层
1	pH值	5.13	7.90	4.09	5.81
2	全N（g/kg）	0.170	0.143	0.583	0.168
3	全P（g/kg）	0.919	0.652	0.495	0.517
4	全K（g/kg）	14.5	20.8	12.6	15.8

序号	项目	育苗地表层	育苗地深层	大田表层	大田深层
5	碱解N（mg/kg）	23.5	15.6	71.6	48.1
6	速效P（mg/kg）	1.52	2.47	4.36	1.13
7	速效K（mg/kg）	108.0	118.0	67.5	75.0
8	有机质（g/kg）	2.01	1.59	8.45	2.58

（二）种子萌发特性

鸡血藤种子较大，千粒重约248g，不耐贮藏。鸡血藤种子的发芽率与其含水量有一定的关系，而鸡血藤种子的含水量与贮藏时间及贮藏温度有关，从而影响鸡血藤种子的发芽率。鸡血藤种子的含水量随着贮藏时间的延长而降低，发芽率也随着其含水量的下降而降低。鸡血藤新鲜种子含水量较高，为27.27%，发芽率可达96.70%以上；自然状态下干燥的种子含水量较低，为26.00%，室温（25～28℃）贮藏14天后，发芽率降为85.20%；干燥器贮存30天后种子含水量下降至12.08%，发芽率下降至70.00%；冰箱4℃贮藏可延长贮藏时间，贮藏17天后发芽率仍可达96.70%，贮藏30天，发芽率为80.00%；−22℃下放置17天后完全丧失发芽率。

鸡血藤种子，依据其大小、饱满度及千粒重等项目进行分级，见表2-5。

表2-5　鸡血藤种子的分级标准

等级	外观形状	千粒重（g）	长度（cm）	宽度（cm）	发芽率（%）	发芽势（%）	种子活力（种脐和胚）
一等	粒大，饱满	371.8	1.90～2.05	1.10～1.50	100.0	85.0	种脐，胚明显深红
二等	大小中等，较饱满	263.1	1.60～1.90	1.00～1.10	88.9	83.4	种脐，胚明显深红
三等	较小，稍干瘪	157.9	1.36～1.60	0.90～1.10	66.7	60.0	2粒深红，2粒微红

（三）生长发育规律

鸡血藤的生长发育受温度、水分、土壤肥力和管理措施等因素的影响。

鸡血藤插条扦插后20天左右开始萌发新芽，1个月左右基部开始形成愈伤组织，45天左右开始生根，3个月后大部分插条生根，4个月后开始抽茎长藤蔓，6个月后根部生长共生固氮根瘤菌，一年后可移栽定植。定植当年，生长缓慢，第二年生长加快，第三年进入旺盛生长期。主藤茎先期直立生长，期间不断发出侧枝，主藤茎及枝条均呈圆柱形。随着藤茎不断伸长、增粗，平卧于地面生长或攀附于其他物体上生长，卧地生长的藤茎接触土壤能生根，从土壤中吸收水分的养分，藤茎增粗，老藤逐渐呈扁圆柱形。春季萌发新梢，夏季为生长旺盛期，冬季低温霜冻会落叶，若遇0℃以下低温会全部落叶，停止生长，幼嫩部分干枯，第二年再从基部发新枝。

鸡血藤开花结果少，广东平远县种植的鸡血藤3年开始开花结果，花期

8～9月，果期10月。在广西药用植物园栽培了50年的鸡血藤，只开过一次花，用大枝条扦插繁殖生长了近10年的植株也是在2012年开过一次花，花期6月，而用小枝扦插繁殖生长的植株10多年也未见开花。

三、地理分布及生长环境

（一）地理分布

历史用药上鸡血藤基原植物为五味子科凤庆南五味子（滇南五味子、内南味子）及其同属的多种植物，主产于云南。而现代以鸡血藤为名的药材还包括一些地方品种，基原来自豆科、五味子科等6属15种。因此，通过产地考证和标本核查、资源调查，梳理了出正品鸡血藤基原密花豆的地理分布和生长环境。密花豆在我国分布地域较狭窄，野生资源主要分布于云南、广西、广东、福建省区，位于东经97° 34′ 12″～117° 21′ 36″，北纬21° 16′ 48″～27° 27′ 00″，其分布区域的海拔高度变化范围为40～2000m（表2-6）。

表2-6　鸡血藤分布区经纬度及海拔

序号	分布县区	经度	纬度	海拔
1	云南贡山	98° 24′ 00″	27° 27′ 00″	1500m
2	云南福贡	98° 31′ 12″	26° 32′ 24″	1700m
3	云南保山	99° 06′ 36″	25° 04′ 12″	1600m

续　表

序号	分布县区	经度	纬度	海拔
4	云南盈江	97° 34′ 12″	24° 25′ 12″	1380m
5	云南施甸	99° 06′ 36″	24° 26′ 24″	1300m
6	云南凤庆	99° 33′ 36″	24° 21′ 00″	1900m
7	云南永德	99° 08′ 24″	24° 01′ 12″	1220m
8	云南南涧	100° 18′ 36″	25° 01′ 12″	1360m
9	云南云县	100° 04′ 48″	24° 16′ 12″	980m
10	云南景东	100° 31′ 12″	24° 16′ 48″	2000m
11	云南双柏	101° 21′ 36″	24° 24′ 36″	820m
12	云南通海	102° 27′ 00″	24° 04′ 48″	1680m
13	云南澜沧	99° 33′ 36″	22° 20′ 24″	1500m
14	云南勐海	100° 15′ 00″	21° 33′ 00″	740m
15	云南思茅	100° 34′ 48″	22° 28′ 12″	1150m
16	云南景谷	100° 25′ 12″	23° 18′ 00″	1050m
17	云南元江	101° 35′ 24″	23° 21′ 36″	1630m
18	云南勐腊	101° 20′ 60″	21° 16′ 48″	1280m
19	云南元阳	102° 30′ 00″	23° 08′ 24″	870m
20	云南绿春	102° 15′ 00″	23° 00′ 00″	1700m
21	云南金平	103° 08′ 24″	22° 28′ 12″	1700m
22	云南西畴	104° 25′ 12″	23° 16′ 12″	1290m
23	云南文山	104° 10′ 12″	23° 12′ 00″	1700m
24	云南富宁	105° 22′ 48″	23° 23′ 24″	650m
25	广西融安	109° 14′ 24″	25° 07′ 48″	850m
26	广西融水	109° 09′ 00″	25° 03′ 00″	650m
27	广西永福	110° 00′ 00″	24° 35′ 24″	510m
28	广西隆林	105° 12′ 00″	24° 28′ 12″	650m
29	广西乐业	106° 19′ 48″	24° 28′ 12″	560m
30	广西凌云	106° 20′ 24″	24° 12′ 36″	750m
31	广西田林	106° 09′ 36″	24° 09′ 36″	870m
32	广西河池	108° 01′ 12″	24° 25′ 12″	430m
33	广西环江	108° 09′ 36″	24° 29′ 24″	560m
34	广西都安	108° 03′ 36″	23° 33′ 36″	430m
35	广西柳城	109° 09′ 00″	24° 23′ 24″	490m
36	广东连州	112° 13′ 12″	24° 28′ 48″	578m
37	广东韶关	113° 21′ 36″	24° 23′ 60″	560m
38	广东英德	113° 15′ 00″	24° 06′ 36″	680m
39	广东平远	115° 32′ 24″	24° 21′ 00″	590m

续　表

序号	分布县区	经度	纬度	海拔
40	广东封开	111° 17′ 60″	23° 14′ 24″	380m
41	广东怀集	112° 06′ 36″	23° 33′ 00″	350m
42	广东高要	112° 16′ 12″	23° 01′ 12″	230m
43	广东德庆	111° 28′ 12″	23° 06′ 00″	260m
44	广东新兴	112° 07′ 12″	22° 25′ 12″	380m
45	广东从化	113° 21′ 36″	23° 20′ 24″	100m
46	广东广州	113° 17′ 24″	23° 07′ 48″	50m
47	广东深圳	114° 00′ 00″	22° 19′ 12″	40m
48	福建华安	117° 19′ 12″	25° 00′ 36″	650m
49	福建南靖	117° 13′ 48″	24° 18′ 36″	600m
50	福建漳浦	117° 21′ 36″	24° 04′ 48″	520m
51	福建诏安	117° 04′ 48″	23° 27′ 00″	150m
52	广西恭城	110° 29′ 24″	24° 30′ 00″	570m
53	广西荔浦	110° 14′ 24″	24° 18′ 00″	380m
54	广西金秀	110° 06′ 36″	24° 04′ 48″	870m
55	广西贺州	111° 17′ 60″	24° 15′ 00″	450m
56	广西昭平	110° 28′ 48″	24° 06′ 36″	520m
57	广西德保	106° 22′ 48″	23° 12′ 00″	510m
58	广西靖西	106° 15′ 00″	23° 04′ 48″	380m
59	广西天等	107° 04′ 48″	23° 04′ 12″	520m
60	广西平果	107° 20′ 60″	23° 11′ 24″	350m
61	广西隆安	107° 25′ 12″	23° 06′ 00″	300m
62	广西上林	108° 22′ 12″	23° 15′ 36″	420m
63	广西武鸣	108° 10′ 12″	23° 06′ 00″	450m
64	广西苍梧	111° 08′ 24″	23° 15′ 00″	150m
65	广西凭祥	106° 27′ 00″	22° 03′ 36″	600m
66	广西上思	108° 00′ 36″	22° 06′ 36″	460m
67	广西南宁	108° 07′ 48″	22° 22′ 48″	100m
68	广西北流	110° 12′ 36″	22° 25′ 12″	380m
69	广西岑溪	111° 00′ 00″	22° 34′ 12″	350m
70	广西防城港	108° 12′ 36″	21° 22′ 12″	580m

目前我国密花豆药材主产地是：广西的南宁、靖西、那坡、宁明、贺州、

梧州；福建的南靖；广东的封开；湖南的江华；云南的富宁，其中广西是主产区。与我国接壤的越南、老挝、柬埔寨、缅甸也有资源分布和药材产出。

全国密花豆的蕴藏量约16 000吨，其中广西近40个县市有密花豆分布，蕴藏量约8000吨，年收购量不足1000吨；广东省近20个县市有密花豆分布，蕴藏量约4000吨，年收购量不足500吨；云南省近10个县市有密花豆分布，蕴藏量约3000吨，年收购量不足300吨；福建省近5个县市有密花豆分布，蕴藏量约1000吨，近10年没有人组织收购，不能提供鸡血藤药材商品；湖南省记载有野生密花豆分布，但调查未发现。目前，能提供鸡血藤药材商品的只有广西、广东、云南三省区（图2-25，图2-26）。

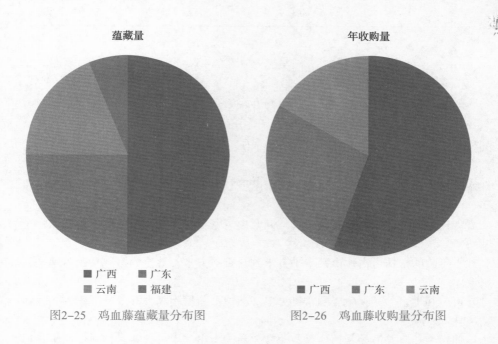

蕴藏量　　　　　　　　　　　年收购量

■ 广西　■ 广东
■ 云南　■ 福建

■ 广西　　■ 广东　　■ 云南

图2-25　鸡血藤蕴藏量分布图　　　　图2-26　鸡血藤收购量分布图

密花豆10年前在广西、广东、湖南等省区开始种植（表2-7），虽然鸡血藤种植5年可以采伐，但产量低，从经济角度来看，一般需种植约10年后才能采伐，目前尚未有药材产出。

表2-7　密花豆栽培情况

栽培品种	生产单位	主要栽培地区	栽培历史
密花豆	广西都安县科技局	广西都安县	2006年至今
	广西宁明爱店镇政府	广西宁明县	2004年至今
	广西黄石林场	广西贺州	2004年至今
	广西贺州水口镇高林村	广西贺州	2002年至今
	湖南江华县	湖南江华县	2005年至今
	广东平远县	广东平远县	2005年至今

（二）生长环境

密花豆主要分布于亚热带常绿阔叶林、次生毛竹林的中下层或灌丛中，多生于于山谷、山沟、林下、溪沟边、阳坡，攀爬于大树上，或攀附于灌丛上，或卧伏于石头、地面上，通常下层荫蔽度较大，上层光照比较充足，在群落中表现极为明显的阳光性竞争生长。同时由于密花豆为大型木质藤本植物，一个几十年龄的植株可占地由几十平方米到几百平方米，甚至攀援并蔓延占地达到几亩、几十亩。其野生居群常可见单一植株不断攀附高大乔木或群落内的乔灌层伸长生长，并沿藤茎繁生多数分枝，易于生出气生根，并在接触地面生长形成强有力的支撑根系，利于支撑主干生长和萌发更多新枝，呈片状分布。

在生境保存较为完好的分布点，鸡血藤野生种群数量较多，沿山谷两侧均有分布，植株长势较好，藤茎粗壮，植株下部较少有叶片生长，主要密集生长于林冠上层的植株上部，叶片呈深绿色，厚纸质。而在生境遭受破坏水源相对缺乏的地方，种群的数量较少，通常1~2株，植株长势弱，藤茎细，叶片呈黄绿色。实地调查的居群中，大部分种群内的植株曾被或多或少地砍伐过，种群处于更新与恢复过程中，恢复的极慢，只有广东省惠州市博罗县罗浮山酥醪景区、龙门县龙潭镇和肇庆市鼎湖山景区的山地林中的鸡血藤野生种群保存较完好，沿着山中小溪两侧的山坡地均有鸡血藤分布（图2-27～图2-35）。鸡血藤种子为大粒型，天然结实率低，不利于自然扩散传播，野生居群内少见实生幼苗群，只在从化及龙门两地的个别种群中见到少量的实生幼苗个体。

（a）

（b）

图2-27　生长环境（广西隆安龙虎山野生分布）

（a）　　　　　　　　　　　　　　（b）

图2-28　生长环境（广西武鸣区太平镇野生分布）

（a）　　　　　　　　　　　　　　（b）

图2-29　生长环境（广西大新县八角乡野生分布）

图2-30　生长环境（广西宁明县那楠乡野生分布）

（a）　　　　　　　　　　　　　　（b）

图2-31　生长环境（广西融安县浮石镇野生分布）

图2-32　生长环境（广西荔浦双江镇野生）

（a）　　　　　　　　　　　　　　（b）

图2-33　生长环境（广西八步区仁义镇野生分布）

图2-34　生长环境（广西八步区种植基地）

（a）　　　　　　　　　　　　　　　　　　（b）

图2-35　生长环境（广东平远县种植）

鸡血藤伴生物种较为丰富，而且不同地区差异较大。广西、广东阔叶林、灌丛植被分布区常见乔木层有水锦树（*Wendlandia uvariifolia*）、鹅掌柴（*Schefflera octophylla*）、柿叶木姜（*Litsea monopetala*）、重阳木（*Bischofia polycarpa*）、大果榕（*Ficus auriculata*）、白楸（*Mallotus paniculatus*）、黄毛榕（*Ficus esquiroliana*）、木油桐（*Vernicia montana*）和苹婆（*Sterculia monosperma*）等，灌木层有三桠苦（*Evodia lepta*）、罗伞树（*ArdiSia quinquegona*）、对叶榕（*Ficus hispida*）、水东哥（*Saurauia tristyla*）、紫麻（*Oreocnide frutescens*）和杜茎山（*Maesa japonica*）等，草本层有野芭蕉、露兜勒（*Pandanus tectorius*）、假蒟（*Piper sarmentosum*）、狗肝菜（*Dicliptera chinensis*）、火炭母（*Polygonum chinense*）、金毛狗（*Cibotium barometz*）、乌毛蕨（*Blechnum orientale*）、渐尖毛蕨（*Cyclosorus acuminatus*）、江南卷柏（*Selaginella moellendorffii*）、棕叶芦（*Thysanolaena latifolia*）、五节芒（*Miscanthus floridulus*）等，层间植物主要为藤本植物，有扁担藤（*Tetrastigma planicaule*）、刺果藤（*Byttneria grandifolia*）、多花瓜馥木（*Fissistigma polyanthum*）、两面针（*Zanthoxylum nitidum*）和玉叶金花（*Mussaenda pubescens*）等。云南西双版纳鸡血藤分布区常见乔木有印度栲（*Castanopsis indica*）、山桂花（*Bennettiodendron leprosipes*）、华南吴萸（*Tetradium austrosinense*）、云南银柴（*Aporosa yunnanensis*）、西南猫尾木（*Markhamia stipulata*）、破布叶（*Microcos paniculata*）、小叶藤黄（*Garcinia parvifolia*）、鹅掌

柴、潺稿木姜子（*Litsea glutinosa*）、等，灌木层有披针叶楠（*Phoebe lanceolata*）、银背巴豆（*Croton kongensis*）、大花哥纳香（*Goniothalamus griffithii*）、假苹婆（*Sterculia lanceolata*）、蒲桃（*Syzygium jambos*）、椴叶山麻杆（*Alchornea tiliifolia*）、假海桐（*Pittosporopsis kerrii*）、三角茜木（*Prismatomeria tetrandra*）、九节木（*Psychotria henryi*）、弯管花（*Chassalia curviflora*）等，草本层的植物种类和数量较少，其盖度也很小，偶见有马唐（*Digitaria sanguinalis*）、莠竹（*Microstegium ciliatum*）及山姜（*Atpinia sp.*）、越南万年青（*Aglaonema tenuipes*）等几种，以及少数蕨类植物，大多生长在阳光较为充足的地方，层间植物主要是一些藤本植物，如买麻藤（*Gnetum montanum*）、千金藤（*Stephania japonica*）、罗志藤（*Stixis suaveolens*）、葛藤（*Pueraria edulis*）、下果藤（*Gouania leptostac*）、瓜馥木（*Fissistigma maclurei*）等，茎粗一般为2～4cm，它们依附乔、灌木的茎干缠绕攀援，有的已至林冠。

因鸡血藤为传统常用药材，历史上常以有鸡血样汁液的藤茎类或茎干类药材当做鸡血藤使用。造成鸡血藤基原混淆复杂，其混淆品分布区域广泛，除华北、东北地区较少涉及外，覆盖了我国甘肃、陕西、安徽、江苏、浙江、湖南、湖北、贵州、四川、江西等多个省份（表2-8）。

表2-8　鸡血藤混淆品的地理分布及生长环境

植物名	地理分布	生长环境
光叶密花豆	分布于海南（白沙、儋县等地）老挝、越南也有	生于溪旁疏林中
红血藤	分布于广东南部、海南和广西西南部	生于低海拔山谷密林中较阴湿的地方
香花崖豆藤	分布陕西（南部）、甘肃（南部）、安徽、浙江、江西、福建、湖北、湖南、广东、海南、广西、四川、贵州、云南越南、老挝也有分布	生于山坡杂木林与灌丛中，或谷地、溪沟和路旁，海拔2500m
丰城崖豆藤	分布江西、福建、湖南、广东、广西	生于山坡旷野或灌丛中
黔滇崖豆藤	分布四川（南部）、贵州、云南	生于石灰岩山地杂木林中，海拔1200～2500m
美丽崖豆藤	分布福建、湖南、广东、海南、广西、贵州、云南	生于灌丛、疏林和旷野，海拔1500m以下
网络崖豆藤	分布江苏、安徽、浙江、江西、福建、台湾、湖北、湖南、广东、海南、广西、四川、贵州、云南越南北部也有分布	生于山地灌丛及沟谷，海拔1000m以下
常春油麻藤	分布四川、贵州、云南、陕西南部（秦岭南坡）、湖北、浙江、江西、湖南、福建、广东、广西	生于亚热带森林、灌木丛、溪谷、河边，海拔300～3000m
白花油麻藤	分布江西、福建、广东、广西、贵州、四川等省区	生于山地阳处、路旁、溪边，常攀援在乔、灌木上，海拔800～2500m
大果油麻藤	分布云南、贵州、广东、海南、广西、台湾	生于山地或河边常绿或落叶林中，或开阔灌丛和干砂地上，海拔800～2500m
巴豆藤	分布四川、贵州、云南	生于土壤湿润的疏林下和路旁灌木林中，海拔2000m以下
凤庆南五味子	分布于云南西南部（保山、凤庆、临沧、耿马），缅甸东北部也有分布	生于海拔1800m以下的林中
异形南五味子	分布于湖北、广东、海南、广西、贵州、云南锡金、孟加拉、越南、老挝、缅甸、泰国、印度、斯里兰卡等也有分布	生于海拔400～900m的山谷、溪边、密林中
铁箍散	分布于陕西、甘肃南部、江西、河南、湖北、湖南、四川、贵州、云南中部至南部	生于沟谷、岩石山坡林中，海拔500～2000m
大血藤	分布于陕西、四川、贵州、湖北、湖南、云南、广西、广东、海南、江西、浙江、安徽	常见于山坡灌丛、疏林和林缘等，海拔常为数百米

四、生态适宜分布区域与适宜种植区域

（一）生态适宜分布区域

1.生态因子值

根据鸡血藤资源调查结果及全国主要分布点生态因子收集，现有鸡血藤分布区域主要涉及广西、广东、云南、福建四省（区）70个县（市）（表2-9）。

表2-9 鸡血藤分布区气象资料（1981-2010年）

序号	县（市）	年均温（℃）	年均最高温（℃）	年均最低温（℃）	年极端最高温（℃）	年极端最低温（℃）	1月均温（℃）	7月均温（℃）
1	云南贡山	14.7	21.3	10.7	35.5	-2.2	7.7	21.4
2	云南福贡	17.0	24.2	13.0	38.3	0	9.8	23.3
3	云南保山	16.2	22.6	11.4	32.4	-3.8	9.1	21.3
4	云南盈江	19.7	26.7	14.9	36.1	-0.8	12.3	23.9
5	云南施甸	17.1	23.8	12.0	33.0	-3.2	9.9	22
6	云南凤庆	16.9	23.0	12.7	32.8	-1.6	10.7	21
7	云南永德	17.7	22.6	14.1	31.7	0	12.4	20.6
8	云南南涧	19.3	25.7	14.3	36.1	-0.8	12.7	23.8
9	云南云县	19.9	27.0	14.8	37.9	-0.6	13.2	24
10	云南景东	18.8	26.4	14.1	38.0	-1.4	11.6	23.6
11	云南双柏	15.2	20.3	11.7	31.3	-4.4	9.2	19.3
12	云南通海	16.0	21.6	11.6	31.1	-5.5	9.8	20.3
13	云南澜沧	19.7	27.5	14.8	36.8	-1.4	13.6	23.2
14	云南勐海	18.9	26.2	14.0	35.2	-3.5	12.9	22.5
15	云南思茅	18.9	25.2	14.8	34.7	-0.3	13.4	22.1
16	云南景谷	20.5	28.4	15.8	39.5	0.9	13.5	24.6
17	云南元江	23.9	30.7	19.3	42.5	-0.1	16.9	28.5
18	云南勐腊	21.8	29.0	17.8	37.9	1.1	16.5	25
19	云南元阳	24.4	30.6	20.3	43.2	3.1	17.5	28.7
20	云南绿春	17.1	22.2	14.0	31.2	-1.2	12.2	20.1

续 表

序号	县（市）	年均温（℃）	年均最高温（℃）	年均最低温（℃）	年极端最高温（℃）	年极端最低温（℃）	1月均温（℃）	7月均温（℃）
21	云南金平	18.2	22.4	15.3	31.9	−0.3	12.6	21.6
22	云南西畴	16.3	21.0	13.1	34.8	−5.5	9.3	21.3
23	云南文山	18.4	24.2	14.7	36.3	−2.8	11.5	23
24	云南富宁	19.8	25.6	15.8	39.5	−3.7	11.7	25.7
25	广西融安	19.3	24.1	16.1	39.0	−3.3	8.6	28
26	广西融水	19.7	24.3	16.6	38.8	−0.8	9	28.1
27	广西永福	19.1	23.7	15.9	39.2	−2.5	8.3	27.8
28	广西隆林	19.3	24.9	15.7	40.5	−2	10.4	25.7
29	广西乐业	16.8	21.3	13.8	34.4	−4.4	8	23.5
30	广西凌云	20.4	25.4	17.1	38.9	−1.6	12	26.7
31	广西田林	20.8	26.4	17.3	40.2	−1.6	12.3	27.1
32	广西河池	20.8	25.1	17.8	39.2	0.2	11	28.3
33	广西环江	20.2	25.0	16.9	39.1	−2.7	10.3	28
34	广西都安	21.5	25.6	18.6	39.6	0.5	12.3	28.2
35	广西柳城	20.3	25.0	17.1	39.5	−1.9	9.8	28.4
36	广西恭城	20.0	24.6	16.7	40.9	−3.8	9.4	28.6
37	广西荔浦	19.8	24.5	16.5	40.1	−3.2	9.3	28.3
38	广西金秀	17.6	22.2	14.4	33.7	−5.5	9.2	24.3
39	广西贺州	20.2	25.0	16.8	40.9	−3.5	9.6	28.8
40	广西昭平	20.1	25.1	16.8	39.7	−2.4	10.2	27.8
41	广西德保	19.7	24.3	16.5	37.2	−2.6	11.6	25.7
42	广西靖西	19.5	23.8	16.4	36.9	−1.4	11.5	25.2
43	广西天等	20.7	24.9	17.8	37.3	0.2	12.2	26.9
44	广西平果	21.9	26.8	18.7	40.1	−0.4	13.1	28.4
45	广西隆安	21.8	26.6	18.6	39.7	0.1	13.2	28.2
46	广西上林	21.0	25.6	17.9	39.1	0	11.7	27.9
47	广西武鸣	22.1	26.7	19.0	40.6	0.4	13.1	28.7
48	广西苍梧	21.5	26.6	18.0	39.9	−2.7	12.2	28.7
49	广西凭祥	21.8	26.6	18.6	40.0	0.1	13.6	27.9
50	广西上思	21.6	26.7	18.1	40.1	−1.1	13.1	27.8
51	广西南宁	21.8	26.5	18.7	39.0	−1.9	12.9	28.4
52	广西北流	22.1	26.7	18.9	38.3	−0.2	13.4	28.4
53	广西岑溪	21.7	27.1	18.2	38.9	−1.7	13	28.4
54	广西防城港	22.7	25.8	20.4	37.4	2.8	14.3	28.6
55	福建华安	20.8	26.8	17.0	41.2	−2.4	12.8	28

序号	县（市）	年均温（℃）	年均最高温（℃）	年均最低温（℃）	年极端最高温（℃）	年极端最低温（℃）	1月均温（℃）	7月均温（℃）
56	福建南靖	21.2	26.8	17.5	40.3	−2.9	13.3	28.4
57	福建漳浦	21.3	25.9	18.2	38.7	0.1	13.6	28.4
58	福建诏安	21.7	26.2	18.4	39.2	−1.3	13.9	28.3
59	广东连州	19.8	24.8	16.5	41.6	−3.4	9.2	28.8
60	广东韶关	20.5	25.3	17.2	40.4	−4.3	17.5	28.7
61	广东英德	21.2	25.8	18.1	40.1	−0.7	11.6	29
62	广东平远	20.9	26.4	16.8	39.0	−3.8	11.6	28.5
63	广东封开	21.2	26.6	17.7	39.4	−2.4	11.9	28.4
64	广东怀集	21.2	26.4	17.7	40.6	−2.4	12	28.5
65	广东高要	22.7	26.8	19.7	38.5	1.7	14.2	29
66	广东德庆	21.8	26.9	18.4	39.5	−1.8	12.9	28.7
67	广东从化	21.6	26.6	18.0	39.0	−2.9	12.8	28.6
68	广东广州	22.8	27.2	19.6	39.1	0	14.1	29.4
69	广东深圳	23	26.8	20.3	37.6	1.9	15.4	28.9
70	广东新兴	21.8	26.9	18.4	38.9	−2.5	13.4	28.3

根据鸡血藤主要分布区1981～2010年的气象数据，利用GIS空间分析法得到鸡血藤主要生长区域生态因子范围：年平均气温14.7～24.4℃，年平均最高气温20.3～30.7℃，年平均最低气温10.7～20.4℃，极端最低气温−5.5℃，1月平均气温7.7～17.5℃，7月平均气温19.3～29.4℃，极端最高气温43.2℃，年平均相对湿度63%～84%，年平均降水量760.2～2441.1mm；土壤类型以红壤、赤红壤、砖红壤等为主。

2. 生态适宜分布区域分析

根据上述获得的鸡血藤生态因子值范围，分析各地的气象资料，得到与密花豆生态相似的适宜分布区域。该区主要分布于云南的西南部、南部和东南部

地区，广西除了北部高寒山区少数几个县以外的大部分地区，广东省大部分地

区，福建省西南部、南部、东部、东北部等地区（表2-10）。

表2-10　鸡血藤生态相似的主要区域

省（区）	县（市）数	主要县（市）
云南	60	富宁、西畴、文山、绿春、勐腊、勐海等
广西	82	防城、上思、宁明、龙州、隆安、武鸣等
广东	86	封开、怀集、高要、新兴、英德、平远等
福建	34	诏安、云霄、漳浦、平和、南靖、安溪等

（二）适宜种植区域

根据鸡血藤生态适宜区域分析，鸡血藤适宜种植区域为广西除北部高寒山

区外的其余地区，福建南靖、漳浦、诏安以及广东、云南的西南部、南部、东

南部等地均适宜鸡血藤生产，尤以广西武鸣最为适宜。

第3章

鸡血藤栽培技术

一、种苗繁育

（一）繁殖材料

1. 种子

鸡血藤果实为荚果，基部较宽，顶端稍窄，外形近镰刀状；果荚长8～10cm，宽2.5～3cm，厚约0.1cm，表面黄绿色至黄褐色，密被棕色短绒毛，膜质，具微突网状纹。基部具长4～9mm果柄。荚果内具一粒种子，极少数具2粒，位于果荚顶端。种子扁圆形，长1.0～2.0cm，宽1.0～1.5cm；种皮纸质，黄色至紫褐色，薄而脆，光滑，无光泽；种脐线居中，白色；质软；子叶、胚绿色。

鸡血藤果实成熟期为11～12月。选择晴天采收成熟果实，置干燥、通风、阴凉处摊开晾干后，选取健康种子备用。鸡血藤种子千粒重约250g，新鲜种子萌发率高，可达95%以上。种子也可经充分干燥后进行低温（4～5℃）或室温下干燥贮藏，至翌年开春后取出进行常规播种育苗。

2. 枝条

鸡血藤植株生长快速，无明显的生长停滞期，一年当中抽茎可达3～6次，其藤茎年生长长度可达到3～5m。因此种植3年以上植株，可以作为采集扦插枝条的母株。一般5～10年生植株，冠幅可达到15m，在有支撑架条件下其攀爬高度甚至可达到20m，枝条多，可采繁育材料多。徒长枝、懒枝由于抽节过长或生长柔弱、营养不良，不利于萌芽及生根，影响成活率；大藤茎生长年限长，成分积累多，接近成材，木质化程度高，剪切难度大、耗材多，因此也不宜作为繁殖材料。

而木质化枝条和半木质化具有一定的营养积累，节间芽体饱满，利于扦插成活与培养壮苗，是扦插繁殖材料首选。

（二）繁殖方式

1. 有性繁殖

选取饱满、无病虫害的种子，播种前用40℃温水浸种8～10小时，然后捞起用布袋装好保湿，每天用清水淘洗2～3次，置于室温约25℃条件下催芽，3天后陆续露白、冒芽，当露白50%以上或发芽至10%时即可播种。

于春季2～4月，天气回暖、土温升高至15℃以上时，选择疏松、肥沃、易排灌的壤土、砂壤土地块，整成宽约1m、高25cm的畦，翻耙成细土，将催芽后的种子均匀撒播于畦面上，覆盖一层厚约2cm的细土，每亩用种量约2～3kg。大田直播可采用穴播，按穴距20～30cm挖浅穴，每穴放2～3粒种子，覆土，浇水。10天左右种子陆续露土，保持播种地块土壤湿润，畦面无板结，及时拔除杂草。

由于鸡血藤自然开花、结实率低，种子难以获取，因此生产上常采用无性繁殖。

51

2. 无性繁殖

无性（营养）繁殖可进行快速规模化繁育优质种苗。通过扦插、压条、分株及组织培养等获得再生植株的无性繁殖方法是药用植物种苗繁育的常用方法，尤其是结合各种创新改进处理方法的扦插、微扦插和组织培养是快速获得优质种苗的有效途径。鸡血藤无性繁殖方式包括压条、分株、扦插，而在生产上采用扦插繁殖为主。

鸡血藤的皮孔发达，在木质化的藤茎上可见明显皮孔。这些皮孔多为白色线状，呈不规则小开口。当温度、湿度较高时，藤茎上的皮孔可逐渐膨胀，其位于皮孔下方的薄壁细胞由于具有快速分裂与生长的能力，类似填充细胞，可逐渐发育并进一步形成根原基，而此时皮孔也逐渐发胀突出并进一步开裂，根原基在外部环境的刺激下继续向外发育伸长形成不定根。因此在自然环境下，生于河沟、山谷边湿润地带的鸡血藤，其藤茎在生长发育过程，常常由于接触湿润地面或靠近水体，促使靠近接触部位的藤茎皮孔膨胀并长出不定根，这些不定根最后可发育成具有很强吸收能力的辅助根系，帮助鸡血藤植株吸收土壤养分或进一步固定藤茎，利于其向上、向外竞争攀爬（图3-1）。此外，鸡血藤藤茎切断面也可形成愈伤组织并进一步生成不定根（图3-2）。鸡血藤植株这种对生态环境的高度适应性以及藤茎皮部、愈伤组织混合生根的表现，不但提高了其自身生长养分吸收的能力，也为其世代繁衍提供了无性繁殖的机会。

（a）

（b）

图3-1　不定根（皮孔）

（1）压条、分株　利用鸡血藤藤茎皮孔容易生长形成不定根的现象，可对其木质化藤茎进行压条处理扩繁种苗。先将梢顶及其压条藤茎上部的叶片摘除，在茎芽眼以下约3cm

图3-2　不定根（愈伤组织）

处以小刀进行细口环割，环剥宽度约为1cm，大藤茎可适当剥宽，然后以湿润黄泥沙、红泥沙、木屑或苔藓等保湿物包裹藤茎，覆盖一层保鲜膜或塑料膜，长度约15～20cm，两边扎口保湿，一个月后可陆续生长出不定根。或利用低压法，摘除顶芽和叶片后直接将鸡血藤的木质化藤茎压入土中，埋土稍压紧、保湿，待不定根长出和新梢生长后，于移栽前切断带根和新梢的藤茎。分株则直接利用自然条件下茎段上已长出不定根，并萌出了新梢，截取有根茎段，并保

留2～3个芽眼或已有枝条，进一步分株培育壮苗或次年开春直接分株栽植。

（2）组织培养　根据植物细胞的全能性，有研究报道利用鸡血藤的嫩叶、带芽茎段、芽体、叶片等营养器官进行诱导培养。在鸡血藤组织培养研究过程中发现，褐化是鸡血藤组织培养过程普遍存在的一个突出现象，褐化常常发生严重，致使在诱导培养期间还未形成愈伤组织时，培养材料就已褐化死亡。初步分析显示鸡血藤藤茎富含酚类物质，酚类物质的富集容易造成培养材料的褐化和死亡。且随着茎段年龄的增加，酚类物质含量越高，褐化现象更严重，幼龄材料处于生长初期，酚类物质分解能力强，褐化率相对较低。当培养基中加入抗褐化物质如维生素C、山农1号、硫代硫酸钠等，可延迟褐化出现的时间和降低褐化率。当以嫩叶进行培养，采用改良MS培养基进行诱导时，可诱导出黄绿色愈伤组织，但愈伤组织在后期诱导培养时逐渐出现褐化，并随着时间延长逐渐枯萎，最终均未能进一步分化培养出无菌苗。

（3）扦插　鸡血藤为大型木质化藤本植物，藤茎发达，枝条繁茂，因此采集枝条进行插穗扦插育苗，是批量生产种苗的有效方式。由于扦插时幼嫩藤茎髓心中空，芽体幼嫩易失水，扦插容易失活，因此生产上常常选择健康苗壮、芽体饱满的木质化或半木质化枝条插穗，经过生根处理，进行大田扦插或容器基质扦插育苗。实践证明，鸡血藤扦插繁育成本低，采穗方便，操作简单，易于成活，是规模化生产优质种苗的首选。

（三）育苗技术

1. 育苗地的选择

育苗地选择的好坏直接影响苗木的生长。育苗地宜选择有水源保障、作业方便、背风向阳的缓坡地或平地，一般宜选择土层深厚、肥沃疏松、有排灌条件的地块，土壤宜弱酸性至中性的砂壤土或壤土。扦插育苗基地应选择在采穗圃附近，且交通方便（图3-3）。

图3-3　育苗地选择

容器育苗地块选择不受土壤性质限制，育苗基质则以黄心泥、红心泥或腐殖土为好，不宜过于黏重，也不宜含砂量太多，过于松散不利于保水。

2. 整地作床

整地可进一步改善苗圃地土壤的水、肥、气、热等条件，减少病虫害的发生，消灭杂草等。宜于育苗前一个月对育苗地进行清除杂灌、杂草，并深翻晾晒，深度应达30cm以上，捡除石块、树根、草根等杂物，并把育苗床土块碎成细土、耙平。将育苗地整成单个苗床宽约100～120cm、高约20～30cm的畦，畦长度随地形而定，畦沟宽40～50cm，畦沟里不能积水，并在基地四周开围排水沟，并深于畦沟，以免畦面积水。

容器育苗基质宜粉碎过筛（筛孔径为0.1～0.2cm），容器一般选择径宽10～15cm、高约15～20cm的黑色塑料膜袋。

3. 苗床消毒

苗床整平或装好扦插基质后，在扦插前3～5天，可用0.5%的高锰酸钾溶液浇透苗床进行消毒。扦插前一天以同样方法进行再次消毒。

4. 扦插时间

鸡血藤全年均可扦插。扦插育苗的最佳时间为每年春季的3至5月，此时气温较凉爽，病虫害少，正值枝条萌动前后，插穗生根快，苗木生长快速。

5. 插穗采集

选择粗壮、无病虫害的木质化枝条，枝条直径一般为0.5～3cm，以0.8～1.5cm的枝条为好（图3-4）。采集枝条宜在早晚进行，剪取枝条后应及时移至阴凉处制成插穗。鸡血藤叶片为纸质，且叶面积大，扦插时容易凋落，因此采集插穗时宜剪除全部叶片，如叶腋间有已萌发小枝也应剪除。并剪成长20～25cm、带1～3个茎节的插穗，插穗上端剪切为平滑圆切口，上端切口与芽体距离约1～2cm，下端切口剪成平滑斜面，斜面与芽体反向，切口与芽

图3-4 采穗圖

体距离约2～4cm。插穗采制后，应立即竖插于清水中，或码齐摆放后淋水保湿，不宜久置，防止失水失活或堆沤发霉。

6. 插穗处理

将插条放入50%多菌灵可湿性粉剂溶液或甲基托布津1500～2000倍液浸20～30分钟，或用高锰酸钾溶液1000～3000倍液浸泡3～5分钟后取出，再将插穗下端4～5cm浸入ABT（1～6号）、IBA、NAA等生根剂溶液浸泡，浓度为150～500倍液约30分钟后取出稍晾即可扦插。

7. 扦插方法

扦插时，可预先用竹木签在苗床上按行距15～20cm、株距10～15cm插孔，然后将插穗插于基质中深度约8～15cm，抽穗露土部分宜留至少1个芽体，压实插穗基部基质。大田扦插也可按上述株行距及其深度进行开挖浅沟扦插，并回填压紧基部碎泥。插后立即浇水保湿，并搭遮阳网进行遮阴（图3-5、图3-6）。

图3-5 扦插育苗（裸根）　　　　图3-6 扦插育苗（容器）

8. 苗期管理

扦插后应保持苗床基质、土壤和空气的湿度。一般土壤湿度控制在60%左右，空气湿度控制在80%～90%。保持扦插基质湿润，但不能积水，否则容易造成烂根，雨季注意育苗基地排水。为提高插穗成苗率，夏季还应对苗床加盖遮阳网降温以减少插穗水分蒸腾过量导致扦插苗失活，遮阳网遮阴度为60%～80%；冬季加盖拱形塑料薄膜保温，促进生根发芽和茎叶生长（图3-7）。

图3-7　大田育苗遮阴

扦插后，每隔15天可用甲基托布津、多菌灵或波尔多液喷洒进行表面消毒。扦插3个月后可移除遮阳网进行炼苗，可适当淋施0.1%～0.3%的氮肥或复合肥进行跟外追肥，促进抽梢及根系生长，并进一步培养壮苗。

苗期注意及时清除杂草，清理杂草时尽量减少带松苗木根系。扦插苗期雨季，容易出现根腐病，受害部位根皮腐烂，根部呈黑褐色，地上部分由新芽到枝叶逐渐失水枯萎。根腐病防治方法可选择排水良好的地块作为育苗地，雨季注意排水，在发生初期用50%甲基托布津1500倍浇注。苗期偶见地老虎、金龟子地下害虫，其成虫常咬断嫩芽，幼虫多在土中越冬。防治方法可用50%辛硫磷颗粒剂，每亩2～2.5kg撒施，或用50%马拉松乳剂稀释1000～2000倍喷杀，也可行人工捕杀。

　　鸡血藤扦插繁育，一般先萌芽后生根。在扦插15～20天后可陆续冒新芽，30天左右可生成皮部不定根，而愈伤组织在扦插后约20天陆续可出现，并于35～40天后逐渐发育长出新根系（图3-8）。容器苗扦插6个月后可长成一定根团及茎芽，且由于根系不受起苗伤根影响，可选择阴雨天出圃定植。虽然鸡血藤属于扦插易成活藤本植物，且扦插成活后地上部分藤茎生长快，营养消耗较多，而其根系生长较为缓慢，发育成具有相对完善吸收养分和水分能力的根系需要一定时间周期，当根系还不够老熟和粗壮时进行裸根苗移栽，容易降低移栽成活率。因此鸡血藤种植基地和生产上，多采用一年生苗龄的扦插裸根苗和容器苗或者二年生的扦插裸根苗，此时苗木已有良好根团，苗木地上部分枝条粗壮，利于造林成活（图3-9、图3-10）。

图3-8　扦插生根

图3-9　一年生扦插裸根苗　　　　　　　　　图3-10　裸根苗起苗

（四）苗木质量及出圃

1. 苗木质量

苗木质量关系鸡血藤种苗移栽成活和种植药材质量。结合生产需求和市场实际，在鸡血藤苗木生产和市场调查基础上，通过调查测量鸡血藤苗木的各项性状指标，以及分析指标体系与苗木质量的相关性，筛选出以苗高、地径、根系长度、根数作为鸡血藤苗木质量指标的苗木质量要求具有良好的操作性。为确保苗木质量，应逐渐完善和实行苗木检验制度，严格对生产常用扦插容器苗和裸根苗的质量进行客观评价后出圃。

广西是鸡血藤主要产区之一，根据鸡血藤裸根苗、容器苗的生产及种植实际，由广西药用植物园组织研究鸡血藤苗木质量，并形成鸡血藤苗木质量要求的广西推荐性地方标准，详见表3-1，为全国鸡血藤的苗木生产与管理提供了很好的参考。

表3–1　鸡血藤苗木质量要求

项目	裸根苗		容器苗	
	一级	二级	一级	二级
苗龄	一年生	一年生	一年生	一年生
苗高（cm）≥	20.0	10.0	20.0	20.0
地径（mm）≥	7.0	3.5	6.5	3.7
根系长度（cm）≥	20.0	10.0	35.0	10.0
根数（条）≥	6	2	4	1
综合控制条件	无检疫病虫害，藤茎充分木质化、粗壮，色泽正常，无机械损伤，无失水现象。			

注：根数是指直接从插穗上长出长度为5cm及以上的一级根的总数。未达到以上质量指标要求，为不合格苗。

2. 出圃

出圃时，应注意扦插裸根苗的起苗。起苗及储运过程好坏直接影响到药材苗木的种植成活率。鸡血藤属大型藤本植物，当扦插成活后，地上部分生长迅速，尤其在有充足水分、养分提供条件下，一年可数次抽梢，扦插一年后其地上部分藤茎生长常有1m以上，部分枝条还会互相缠绕攀附，甚至形成少量弱苗。因此可于起苗前5～7天，修剪部分藤茎后再起苗，苗高一般修剪留取20cm以上藤茎，并剪除自基部而上1/3～1/2的叶片，利于移栽成活。过于纤弱苗木未达到合格苗质量要求的苗木应不予出圃继续培育或淘汰。起苗前2～3天可对苗床进行浇灌，减少土壤过于干旱伤根，稍带泥团利于保湿。尽量避免高温、暴晒或大风天气起苗，防止苗木根系失水过多。裸根苗起苗后应尽快扎捆保

湿，有条件情况下，可包裹湿润报纸或苔藓等保湿物后装箱。

种苗在装运时，宜有序叠放，不能过度挤压、随意堆叠。长途运输应有防风、防晒、防雨措施。向外调运的种苗要经过检疫并附检疫证书。

种苗常温下可贮存7～10天，起苗后未能及时定植的，应进行假植。在有保湿措施的条件下，假植时间以不超过1个月为宜。

二、种植技术

（一）选地

种植环境条件和气候条件是药材生产过程质量保障的重要因素。选择适宜种植地是药材种植的基本要求，因此，选地时应对种植基地的环境质量进行评价。结合鸡血藤生长习性，鸡血藤种植地应选择无霜冻或霜冻期短的低海拔区域的低矮土山、丘陵或园地，其气候条件温和，年均气温在18～23℃、极端最低温度不低于1℃，空气相对湿度达到75%以上，且种植地的透光率达到50%以上为宜。选择土层深厚、质地疏松、土壤肥沃、有机质丰富、排水良好的阳坡、半阳坡地，微酸性的壤土或砂壤土为宜。黏土、重黏土、盐碱地或容易积水的立地条件都不适宜鸡血藤生长。同时种植地周围500m范围内应无金属矿区、工厂、医院等直接或间接污染源（图3-11～图3-13）。

图3-11 种植地选择（坡地）　　　　图3-12 种植地选择（土山）

图3-13 种植地选择（丘陵）

（二）整地

整地在种植前进行，一般在移栽前一年冬季进行。荒草坡、杂灌林地宜全面清除种植地内的杂藤灌草等。鸡血藤为常绿缠绕型藤本植物，其藤茎在生长过程中不断缠绕支撑物，表现为较强的攀援能力。因此如在有林地中种植鸡血藤，采用选择性清杂整地，可保留部分乔、灌木，为其提供支架木作用，有利

63

于大藤茎鸡血藤的培育。

根据地块的地形、坡度和劳力供应情况选用适宜的整地方式，可全垦、带状开垦或穴垦。全垦适用于平坡、缓坡或较平坦园地的新造林地，坡度在0～15°的地块，可选择机耕全垦整地，深度30～50cm。机耕后可拉线按行距5～6m开沟深40cm的种植沟。或按行株距5～6m×3～4m挖穴，穴长、宽各50cm，深40cm。挖穴坑带出的表土和心土最好分开堆放，以便种植回土使用。带状开垦对于坡度较大，已达到15°～25°且无机耕条件的丘陵或疏林山地较为适宜，可沿等高线按5～6m左右的间隔开垦种植带。整好地后，按株距3～4m定点挖穴。穴垦适用于坡度大于25°的地块或林中、林缘、沟边、地边等零星地块，按行株距5～6m×3～4m定点挖穴。

种植穴挖好后，每穴施入1～2kg的腐熟有机肥（氮、磷、钾总量≥15%、有机质含量≥20%）或复合肥0.5kg作基肥，应先覆土5～8cm回穴，并将之与肥料混合拌匀，再回填一层厚约5cm的泥土隔开肥料土层待植，避免烧苗及肥料挥发降低肥效。

（三）种植方法

一般以每年3～5月的春天雨季种植为宜，有灌溉条件全年均可种植。容器苗种植时间可延长至7月。选择雨后土壤湿度达到40%时进行种植有利于保证较高成活率。种植裸根苗时应修剪大部分叶片，并用黄泥浆浆根（图3-14）。每穴栽入壮苗1株，放苗时要让其根部自然舒展，覆土以盖过根茎处为宜，稍为踩实，穴面覆盖一层松土，土稍高出地面，再浇足定根水。在坡度较大干旱山地种植，穴坑回填土时宜保留根部土面稍低于地面，并用土整成高坡面稍凹窝、低坡面稍高的围坑状，有利于收集雨水保湿根部及后期培土施肥管护（图3-15）。

图3-14　出圃裸根苗浆根　　　　　　　　图3-15　移栽

（四）田间管理

1. 查苗补植

种植30天后，应及时检查种植苗成活情况，移栽当年发现死亡缺株进行补苗。

2. 中耕除草

春植的在当年6月、8月和11月各除草松土一次，秋植的在种植一个月后进行一次即可。在封行前宜每年除草松土3~4次，一般种植后头3年应保证每年除草

松土1～2次。第一次在春季春梢萌发前，最后一次在冬季进行，也可选择在杂草对苗木有荫蔽或造成生长压力前进行。封行后发现优势杂草竞争也应及时清除。

3. 施肥

种植后1～3年，结合除草松土每年施肥2次，春夏季各一次，成林后一般不用施肥。用开沟施放的方法，在距根部约50cm处挖一深20cm、长约50cm的

图3-16 施肥

弧形沟，均匀撒入肥料，然后覆土。施肥用量一般为第1年每次每株施复合肥100～150g（氮、磷、钾含量达到20-10-10），第2年、第3年每次每株施复合肥200～300g（图3-16）。

4. 修剪

鸡血藤生长较快，若让其自由生长，由于枝叶繁茂，通风透气性较差，可致叶片发黄脱落，甚至会造成部分枝条干枯。封行前抚育时按每株保留2～3条主藤茎进行修剪整形，培育2～3条主藤茎，宜剪去过多的枝条及部分弱枝、懒枝等，减少这部分枝条及叶片养分的过量消耗，利于培育高产优质药材。

5. 病虫防治

鸡血藤发生的虫害主要有红蜘蛛、天牛和棕麦蛾。

（1）红蜘蛛　主要为害叶片。以口器刺入鸡血藤叶片内吮吸汁液，使叶片叶绿素受到破坏，表现为叶片失绿变白，叶表面呈现密集苍白的小斑点或斑块，叶片变得枯黄，甚至脱落。在高温干旱的气候条件下为害严重。

防治方法：发生初期可采用人工释放捕食螨防治；局部严重发生时，可用5%阿维菌素水分散性粒剂1500倍液或24%螺螨酯悬浮剂1000～1500倍液喷雾。

（2）天牛　主要为害藤茎。以幼虫蛀食藤茎，造成藤茎干枯，甚至全株死亡。

防治方法：及时剪除虫枝，集中处理；6～8月于清晨露水未干时在田中人工捕杀成虫和灭卵；寻找新鲜虫孔，用注射器注入20%印楝素乳油600倍液，使药剂进入孔道，再用泥封住虫孔；或用3%辛硫磷颗粒剂0.3g裹上棉球从虫孔塞入，外用棉花塞住。

（3）棕麦蛾　属鳞翅目麦蛾科棕麦蛾属昆虫*Dichomeris oceanis* Meyrick，主要为害叶片。以幼虫咬食嫩叶肉，每年的4～5月发生。

防治方法：发生初期可喷洒5%的吡虫啉3000倍液或1.8%齐螨素5000倍液。

三、采收与产地加工

1. 采收

鸡血藤在栽培5～6年后其主干藤茎及主要分枝可达到商品药材要求，可进

行采收。一般全年均可采收，以秋、冬季采收较为适宜。为促进抽生新藤茎宜保留自基部往上50～100cm藤茎，采收其余藤茎，剪除无鸡血状汁液的枝条及叶片，砍或锯成茎段，运回（图3-17、图3-18）。

图3-17 采收藤茎

图3-18 藤茎切断

2. 加工

鸡血藤药材部位藤茎已充分木质化，坚硬，宜趁鲜切片（图3-19）。一般可存放5～7天，如未及时切片而藤茎过于干硬时，可再行泡水浸润茎段使其重新吸水后切片。茎段宜切成

图3-19 加工切片

厚3～8mm的斜片，切片及时摊晒，并不定期翻动，晒至干燥。最后再按照市场需要进行包装。

第4章

鸡血藤特色
适宜技术

一、鸡血藤的套种技术

鸡血藤适应性强，生长旺盛，一旦定植成活基本不需要太多的人为管理，管理技术属于比较粗放型，因此是一种比较易于种植的药材，特别适宜在各种稀疏林下种植。

1. 选地

鸡血藤对环境要求虽然不高，但是要想达到高产的目的，宜在鸡血藤植物原生地周围选择通风向阳且水源充足、透光较好的疏林地、林中空地、林缘等进行种植，要求林下土层深厚，土质疏松肥沃，最好选择具有微酸性的土壤。

2. 整地

经过选地之后应该进行清山，根据林地林木生长情况、林地坡度及劳动力供应情况选用清理方式。清山通常有两种形式，第一种：全清山，即林下的一切植物都要清理干净，包括杂草、灌木等植物。第二种：带状清山，即每相隔一定距离进行杂草等植物的清除，带状清山前期成本投入相对降低，但是后续抚育管理难度较大。清山之后要在种植前要挖好种植穴，穴的规格最好为50cm×50cm×40cm。正式进行开穴时，新土和表层的土要分开堆放，清除土中大石块、树根等。基肥最好以腐熟的农家肥为主，穴底可施磷肥。之后要进行回土填穴，回土的厚度要覆盖肥料混合土层，约5cm。

3. 定植

春秋两季均可。春移在3月上旬至5月上旬为宜，秋移在9月中下旬至10月底，选阴雨天或雨后土壤湿透后种植，避开高温季节和霜冻季节。定植苗木最好是袋苗，如是裸根苗，则应在种植前用泥浆对鸡血藤苗木根部进行浆根处理，剪除2/3的植株叶片。栽植时将有根的种苗栽入整好的地块内。株行距5m×3m穴栽，每穴1株，覆土压紧，有条件最好随即灌水，以保成活。在鸡血藤植株种好之后，要进行细土的掩盖，掩盖厚度稍稍高于地面便可。

4. 田间管理

（1）中耕除草　中耕除草主要是在植株的幼苗期进行，即种植后2年内每年中耕除草2～3次，先在植株50cm范围内进行人工铲草后，把林地内的杂灌、杂草用人工或割草机器全部割完。割草后20天待杂草长出嫩叶15cm左右时喷除草剂，要求杂灌、杂草彻底清除，避免将除草剂喷到鸡血藤植株上。

（2）追肥　追肥一般结合中耕除草一起进行，追肥以施复合肥为主，在距离植株30cm处挖坑（20cm×20cm），施复合肥0.15kg/株，然后覆盖土壤，肥料不能裸露。

（3）引蔓和修剪　这是鸡血藤高产的一项重要措施。如鸡血藤植株周围没有攀援物，需搭架引蔓。要求每年定期对林间过于浓密的树枝进行清理砍除，以保障林地的透光度。剪除鸡血藤本身细弱枝、枯老枝、横串密集枝、抽杀徒

长枝等，有意培养主干增大增粗，以促进鸡血藤植株正常生长和提高其药材产量。

5. 病虫害防治

整体上，鸡血藤的抗病虫害性能是比较强的，因此，在病虫害的防治问题上相对较为轻松。鸡血藤的病害主要有根腐病，注意排水即可防治。虫害主要是红蜘蛛，常发生在5～9月，可用90%的敌百虫800倍液防治。每隔7天喷洒一次，连续2～3次即可。

6. 采收加工

鸡血藤以藤茎入药，种植5～6年后可采收，全年可采，但以秋季最好。一般离根部100cm以上部分全部可收割入药。采收后放置3～5天，再洗净，然后加工成50cm长或切片晒干，最后再按市场需要的规格进行包装出售。

鸡血藤是一种常用的中药材，目前市场上以进口或野生资源为主。鸡血藤人工种植虽已成功，越来越多的种植户开始种植鸡血藤，但是大部分药农对鸡血藤的认识并不深入，加上其生长年限较长，药材价格偏低，导致种植过程中出现一系列问题，成果收益并不如预期。因此，要加强对鸡血藤林下种植技术的推广，提升鸡血藤药材产量与质量，实现鸡血藤经济、生态和社会效益的和谐统一（图4-1、图4-2）。

图4-1　马尾松林下套种　　　　　　图4-2　杉木林下套种

二、鸡血藤的野生抚育技术

药材野生抚育是近年来我国中医药界以及生态界提出的一种新理念。它改变了过去人们一贯的传统种植模式，将中药材在大田里种植与在无人管理或粗放管理的野生环境（多为荒山或坡地）中生长相结合，使得产出的药材有效成分高、无农药肥料等污染，可实现提高药材品质、促进药材资源的可持续利用、保护生态环境等目标，具有广泛的发展前景。鸡血藤为木质攀援植物，多生长于天然植被较好的阔叶林中、林缘、山谷，坡度较大，难以开展全垦种植，点穴式抚育是较好的方法。

1. 选地整地

根据鸡血藤生物生态学特性，在其自然分布区，选气候湿润温和，土壤疏松肥沃，属偏湿性常绿阔叶林地带种植。按栽植密度定点人工挖穴整地，植穴规格为50cm×50cm×40cm，整地时尽量不破坏其周围的植被结构。

2. 定植

因野生抚育时间相对较长，而且山地土质养分等相对较差，野生抚育种植密度要大，为提高定植成活率，定植应于梅雨季节进行，定植前对苗木过密枝叶进行修剪。野生抚育定植后管理比较粗放，因此定植的苗木应选择生长比较健壮的植株且最好是袋苗，如是裸根苗则需进行浆根处理以提高苗木成活率。

3. 田间管理

药材野生抚育田间管理比较简单，要求鸡血藤定植后任其自然生长，不用中耕施肥除草，1个月后，检查其幼苗成活率，对不成活的进行补苗即可。野生抚育是利用植物共生的稳定关系达到药材原植物与群落间其他植物的和谐共赢，若有病虫害发生时以物理防治和生物防治为主，尽量不用或少用农药。

4. 采收加工

由于野生抚育不施用肥料，生长缓慢，一般种植5年后方可采收，采收时还需考虑物种更新和保持群落结构完整，采收时要求间伐式采收。鸡血藤野生抚育产出药材的加工方法与其他普通种植产出的药材加工方法一致。

鸡血藤适宜生长于我国南方各省区，人工种植较晚，虽在其道地药材产区广东、广西开展了一系列有意义的试验研究。通过田间试验，开展了抚育模式

研究、采收期研究、密度研究等探索性研究，由于时间有限，研究深度和广度

远远不够，但试验证明了中药材野生、半野生抚育技术非常适合在广西及其周

边地区推广（图4-3、图4-4）。

图4-3　野生抚育　　　　　　　　　　　　　图4-4　野生抚育

第5章

鸡血藤药材
质量评价

一、本草考证与道地沿革

（一）本草记述与考证

1. 文献记述

古籍文献中鸡血藤的记述较少，本草名称有鸡血藤、血藤、血风藤、马鹿藤、紫梗藤、猪血藤、九层风、红藤、活血藤、大血藤、血龙腾、过岗龙、五层血等，不同时期同一名称所指不同，鸡血藤的植物来源相对混杂。最早记载鸡血藤的基原形态描述，见于清代刘埥续编《顺宁府志》（1759），载："枝干年久者周围四五寸，少者二三寸，叶类桂叶而大，缠附树间，伐其枝，津液滴出，入水煮之色微红"。清代赵学敏在《本草纲目拾遗》（1765）载："鸡血藤茎长，以刀斩断，则汁出如血"，均描述鸡血藤为具有血液状汁液的藤本植物特征，此外，还附记云南所产鸡血藤"其茎皮有光身与刺身者二种"。

鸡血藤名称以"鸡血藤膏"首载于清代范溥等编撰的《顺宁府志》（1725），称："鸡血藤（法制为膏，乃血分之圣药也）"，但没有详细描述。清代刘埥续编《顺宁府志》（1759）描述称："伐其枝，津液滴出，入水煮一二次，色微红，老枝红尤甚"。吴其濬《植物名实图考》（1848）编制有关鸡血藤的图文，认为古代鸡血藤膏的"鸡血藤"系五味子科植物凤庆南五味子（滇南五味子）*Kadsura interior* A. C. Smith及其同属的多种植物。

　　近代云南产的鸡血藤膏包括凤庆鸡血藤膏（即顺宁鸡血藤膏）和禄劝鸡血藤膏两种。据杨竞生和曾育麟考证，凤庆鸡血藤膏的原植物为五味子科植物凤庆南五味子、异型南五味子 *K. heteroclita*（Roxb.）Craib、黄龙藤（中间近缘五味子）*Schisandra propinqua*（Wall.）Baill. var. *intermedia* A. C. Smith；禄劝鸡血藤膏的原植物为豆科巴豆藤（铁血藤）*Craspedolobium schochii* Harms。凤庆鸡血藤膏有原膏和复膏系列，复膏即加有鲜麻牛膝、红花、鲜续断、黑豆、糯米及饴糖配制而成的鸡血藤膏系列，而禄劝鸡血藤膏则为单膏。

　　而《植物名实图考》记载鸡血藤的一个地方习用品种即昆明鸡血藤，云："大致即朱藤，而花如刀豆花，娇紫密簇，艳于朱藤，即紫藤耶？褐蔓瘦劲与顺宁鸡血藤异，浸酒亦主活血络"，指出昆明鸡血藤与顺宁鸡血藤存在明显差别，且与鸡血藤和鸡血藤膏无关，可能名为"紫藤"另外一种植物，后考证是豆科植物香花崖豆藤 *Millettia dielsiana* Harms。

2. 本草考证

　　鸡血藤本草记载混乱或不详，同名异物、同物异名现象明显，尤其易与木兰科植物混淆。而随着鸡血藤药材用量的激增以及凤庆鸡血藤基原植物野生资源的急剧减少，鸡血藤代用、混用现象也十分突出。据现代本草资料收载鸡血藤的基原记述，鸡血藤来源包括了油麻藤属、崖豆藤属等多个植物基原。《中药志》（1960）以豆科植物白花油麻藤 *Mucuna birdwoodiana* Tutch. 为鸡血藤正

品，并称其市售鸡血藤药材基原有油麻藤属和鸡血藤属（即崖豆藤属）两大类

植物，含多个基原植物。《广西实用中草药新选》（1969）将白花油麻藤作为鸡

血藤基原植物。《中药大辞典》（1977）收载鸡血藤原植物为密花豆、香花崖

豆藤、白花油麻藤、亮叶崖豆藤*Callerya nitida*（Benth.）R. Geesink。《新华本

草纲要》（1991）收载其基原有红血藤*S. siensis Chun* et T. Chen.、光叶密花豆

S. harmandii Gagnep.、香花崖豆藤等。《全国中草药汇编》（第二版，1996）记

载鸡血藤同名异物有密花豆、网络崖豆藤*M. reticulata* Benth.、香花崖豆藤、亮

叶崖豆藤、丰城崖豆藤*C. nitida* var. *hirsutissima*（Z. Wei）X. Y. Zhu、白花油麻

藤、榼藤*Entada phaseoloides*（Linn.）Merr.、大血藤*Sargentodoxa cuneata*（Oliv.）

Rehd. et Wils.，《新编中药志》（2001）收录鸡血藤基原包括光叶密花豆、常春

油麻藤*M. sempervirens* Hemsl.、褐毛黧豆*M. castanea* Merr.等。

　　而密花豆作为鸡血藤的基原植物，据郑立雄等考证，最早记载为1962年方

鼎等对广西所产鸡血藤原植物的考证，认为广西以鸡血藤为名的植物有5科9属

22种，其中民间使用的21种，仅密花豆是广西医药公司收购的鸡血藤。1974年

《广西本草选编》收载密花豆，又名三叶鸡血藤作为鸡血藤正品，其后《全国

中草药汇编》（1975）和《中药大辞典》（1977）亦有记载。从1977年开始，密

花豆作为中药鸡血藤的基原被收载于《中国药典》。曾参与《中国药典》编制

的周子静称："在制定1977年版《中国药典》鸡血藤的起草任务时，作者为了

弄清楚鸡血藤的混用品种，曾深入产区采集标本，与商品鸡血藤对照鉴定，最终认为应以使用时间长、应用面广、产量大的植物密花豆为鸡血藤药材的正品列入《中国药典》，其他品种均为各省区的地方用药品种"。谢宗万亦认为："现时老中药师在辨认鸡血藤时以'粗如竹竿，略有纵棱，质硬，色棕红，刀切处有红墨色汁者为佳'一般就是指密花豆，这与文献记载'剖断流汁，色赤如血''砍断则汁如血'等特征相符，以密花豆为鸡血藤药材符合现时国内多数地区的用药情况"。20世纪70年代至今，密花豆已作为鸡血藤中药材的主流品种，普遍应用于中药配方，并作为生产中成药的原料。

由此可见，文献记载中鸡血藤基原多为五味子科和豆科植物。其中本草文献记载中鸡血藤的基原应为五味子科植物，是我国传统中医药最早应用熬制鸡血藤膏胶的原料，出产于云南。《中国药典》（2005年版一部）收载的成方制剂复方鸡血藤膏即由滇鸡血藤膏粉与川牛膝、续断、红花和黑豆配伍，以糯米、饴糖为辅料制成，用于治疗瘀血阻络、肾失所养所致的月经不调，其滇鸡血藤被收载于其同版附录中，规定其基原植物即为木兰科内南五味子。自2010年版《中国药典》正式收载滇鸡血藤，明确其与鸡血藤的区别。而随着鸡血藤逐步广泛应用于中医药实践，至20世纪60年代，包括《中国药典》等国内主要中医药文献多记载鸡血藤的基原植物为当时主流药材品种密花豆，已罕见收载五味子科植物。

（二）道地沿革

1. 产地变迁及药材质量

《顺宁府志》（1725）记载鸡血藤于云南有产，续编《顺宁府志》（1759）记载鸡血藤："滇南惟顺宁一郡山中有之，而阿度吾里各山尤佳，缅宁、云州亦有"。顺宁府即今云南临沧市凤庆县，阿度吾里为凤庆县郭大寨、雪山、三岔河等地，缅宁为今临沧市临翔区、云州为今临沧市云县一带。《本草纲目拾遗》（1765）载鸡血藤："产猛缅，去云南昆明记程一月有余。乃藤汁液，土人取其汁，如割漆然，滤之殷红，似鸡血，作胶最良。近日云南省亦产，其藤长亘蔓地上或山崖，茎长数十里……干者极似山羊血，取药少许，投入滚汤中，有一线如鸡血走散者真。据言其藤产腾越州铜壁关外新街所属地"，并记张应昌附注："阿度吾里万名山寺龙潭箐所产，……汁凝如脂，煮之有香者真"。猛缅即今云南临沧市云县，腾越州为今高黎贡山西麓的腾冲。又记张应昌附注："顺宁刊售药单云，顺宁府顺宁县阿度吾山产此，又云阿度吾里万名山寺龙潭箐所产"。吴其濬《植物名实图考》（1848）载："鸡血藤《顺宁府志》，佐以红花、当归，糯米熬膏，为血分之圣药。滇南惟顺宁有之，产阿度吾里者尤佳"。方仁渊《倚云轩医案医话医论》（1899）载："鸡血藤，广西镇安亦出"，镇安即今广西与云南交界之那坡、靖西、德保一带。可见，本草记述所指"鸡血藤"多产于云南及其临近地区包括广西与云南交界之那坡、靖西一带，并以云南临沧一带所产优质。

2. 传统功效及应用

清赵学敏《本草纲目拾遗》（1765）载："鸡血藤胶，壮筋骨，止酸痛，喝酒服，于老人最佳。治老人气血虚弱，手足麻木瘫痪等症。男子虚损，不能生育，及遗精白浊。男妇胃寒痛。妇女经水不调，赤白带下。妇女干血劳，及子宫虚冷不受胎。陆象咸云：曾见夫人合药服之，多年不育者，后皆有子"。又附记唐樊卓《云南志》载："顺宁府出鸡血藤，熬膏可治血证"；《滇志》载鸡血藤胶，治风痛湿痹。性活血舒筋，患在上部，饱食后服；在下部，空心酒服，不饮酒者，滚水调服。其色带微绿，有清香气，酒服亦能兴阳；记尤明府佩莲云：此胶治跌打如神，其太夫人一日偶闪跌伤，臂痛不可忍，用山羊血、三七治之，多不验，有客教服此胶，冲酒一服，其疾如失，其性捷走血分可知。而顺宁土人加药料煎熬鸡血藤膏。……统治百病，能生血、和血、补血、破血、又能通七孔，走五脏，宣筋络。治妇人经水不调，四物汤加减八珍汤，加元胡索为引。妇女劳伤气血，筋骨酸痛转筋，牛膝、杜仲、沉香、桂枝、佛手、干木瓜、穿山甲、五加皮、砂仁、茴香为引；大肠下血，椿根皮煎汤送下，男子虚弱，八味加减为引。服此胶忌食酸冷。汪昂《本草备要》（1694）载："鸡血藤，活血舒筋，治男女干血劳，一切虚损劳伤，吐血咯血，咳血嗽血，诸病要药"，指明鸡血藤为血症要药。方孝标《滇游杂记》（1670）

载："每岁端阳日携带釜甑入山斩取，熬炼成膏，泡酒饮之，大补气血，于老人妇女更为得益。或不饮酒者早晚用开水化服亦能奏效"。赵其光《本草求原》（1848）载："血风藤，甘、平。消瘀，凉血，洗皮胃血热"。张仁锡《药性蒙求·草部》（1882）载："鸡血藤（五分、钱半），鸡血藤胶，补血和血。风湿为疼，舒筋壮骨。藤汁殷红似鸡血，作胶最良。泡酒饮之，大补气血，于老人、妇女尤良。不饮酒者，开水化服。……壮筋骨，止酸痛，老人气血虚弱，手足麻木，瘫痪等症。又治风痛湿痹，跌打如神。惟活血舒筋，患在上部，饱食后服；在下部，空心腹。奇效。色带微绿，有清香气。服此胶，忌食酸冷。……妇人干血劳，及子宫虚冷，不受胎，服之验"。方仁渊《倚云轩医案医话医论》（1899）载："鸡血藤，云南府出鸡血藤膏，治妇女血枯经闭有效。其藤生大箐中，不见天日，年深日久，故专能补益阴血"。

张山雷《本草正义》（1920）载："文勤开府云南，赠以鸡血藤胶，信为补血良药，乃用好酒蒸化服之。未及三四两，而暴崩如注，几于脱陷，然后知此物温通之力甚猛，活血是其专长"，认为鸡血藤胶活血功效明确。叶橘泉《现代实用中药》（1954）载："鸡血藤为强壮性之活血药，适用于贫血性之神经麻痹症，如肢体及腰膝酸痛，麻木不仁等。又用于妇女月经不调，月经闭止等，有活血镇痛之效"。《广西本草选编》（1974）记载："鸡血藤活血补血，通经活络"。《中药大辞典》（1977年）载："鸡血藤可活血、舒筋，治腰膝酸疼，麻木瘫痪，月经不调"。《中华本草》（1996年）载："鸡血藤可活血舒筋、养血调经，主治手足麻木、肢体瘫痪、风湿痹痛、妇女月经不调、痛经、闭经"。2015年版《中国药典》载："鸡血藤活血补血，调经止痛，舒筋活络。用于月经不调，痛经，经闭，风湿痹痛，麻木瘫痪，血虚萎黄"，指明鸡血藤具有活血、补血、调经及舒筋等功效。

二、药典标准

《中国药典》1977年版开始收载鸡血藤，其规定了鸡血藤来源于豆科植物密花豆的干燥藤茎。秋冬两季采收，除去杂质，切片，晒干。其药材性状为椭圆形、长距圆形或规则斜切片，厚0.3～1cm。外皮灰棕色，有的可见灰白色斑，栓皮脱落处现红棕色。切面木部淡棕色或棕色，有多数小孔；树脂状分泌物红棕色至黑棕色，与木部相间排列呈3～8个偏心性半圆形环；髓部偏向一侧。质坚硬。气微，味涩。以树脂状分泌物多者为佳。鉴别项中规定横切面木栓层为数列细胞，含棕红色物。皮层较窄，散有石细胞群，胞腔内充满棕红色物；薄壁细胞含草酸钙方晶。维管束异型，由韧皮部与木质部相间排列成数轮。韧皮部最外侧为石细胞群与纤维束组成的厚壁细胞层；射线多被挤压；分泌细胞甚多，充满棕红色物，长数个至10多个切向排列成层；纤维束较多，非木化至微木化，周围细胞含草酸钙方晶，形成晶纤维，含晶细胞壁木化增厚；

石细胞群散在。木质部射线有时含棕红色物；导管多单个散在，类圆形，直径约至400μm；木纤维束亦为晶纤维；木薄壁细胞少数含棕红色物。直至2000年版《中国药典》继续沿用历年版药典对鸡血藤的鉴别规定，即以鸡血藤的药材性状作为鉴别依据，在其性状中规定鸡血藤药材性状为"椭圆形、长椭圆形或不规则的斜切片，……韧皮部有树脂状分泌物呈红棕色至黑棕色，与木质部相间排列呈3～8个偏心形半圆环，髓部偏向一侧"。可见其局限性在于鉴别性状只有横切面特征，而无粉末鉴定、理化鉴别，难以适应药材的实际情况和质量检测需要。因此在2005年版及其之后的《中国药典》对鸡血藤项均进行了新的修订和完善，在规定其性状和横切面鉴别特征基础上，增加了粉末鉴定、理化鉴定和水分、总灰分、浸出物。

2015年版《中国药典》收载鸡血藤项，明确规定其药材的外观性状、鉴别、水分、总灰分和浸出物含量。

1. 性状

药材为椭圆形、长矩圆形或不规则的斜切片，厚0.3～1.0cm。栓皮灰棕色，有的可见灰白色斑，栓皮脱落处显红棕色。质坚硬。切面木部红棕色或棕色，导管孔多数；韧皮部有树脂状分泌物呈红棕色至黑棕色，与木部相间排列呈数个同心性椭圆形环或偏心性半圆形环；髓部偏向一侧。气微，味涩。

2. 鉴别

（1）性状鉴别 横切面钼酸细胞数列，含棕红色物。皮层较窄，散有石细胞群，胞腔内充满棕红色物；薄壁细胞含草酸钙方晶。维管束异型，由韧皮部与木质部相间排列成数轮。韧皮部最外侧为石细胞群与纤维束组成的厚壁细胞层；射线多被挤压；分泌细胞甚多，充满棕红色物，常数个至十数个切向排列呈带状；纤维束较多，非木化至微木化，周围细胞含草酸钙方晶，形成晶纤维，含晶细胞壁木化增厚；石细胞群散在。木质部射线有的含棕红色物；导管多单个散在，类圆形，直径约至400μm；木纤维束均形成晶纤维；木薄壁细胞少数含棕红色物。

（2）粉末鉴别 粉末呈棕黄色。棕红色块散在，形状、大小及颜色深浅不一。以具缘纹孔导管为主，直径20～400μm，有的含黄棕色物。石细胞单个散在或2～3个成群，淡黄色，呈长方形、类圆形、类三角形或类方形，直径14～75μm，层纹明显。纤维束周围的细胞含草酸钙方晶，形成晶纤维。草酸钙方晶呈类双锥形或不规则形。

（3）理化鉴别 取粉末2g，加乙醇40ml，超声处理30分钟，滤过，滤液蒸干，残渣加水10ml使溶解，用乙酸乙酯10ml振摇提取，乙酸乙酯液挥干，残渣加甲醇1ml使溶解，作为供试品溶液。另取鸡血藤对照药材2g，同法制成对照药材溶液。照薄层色谱法（通则 0502）试验，吸取供试品溶液5～10μl、对照

药材溶液5μl，分别点于同一硅胶GF$_{254}$薄层板上，以二氯甲烷–丙酮–甲醇–甲酸（8∶1.2∶0.3∶0.5）为展开剂，展开，取出，晾干，置紫外光灯（254nm）下检视。供试品色谱中，在与对照药材色谱相应的位置上，显相同颜色的斑点；喷以5%香草醛硫酸溶液，在105℃加热至斑点显色清晰。在与对照药材色谱相应的位置上，显相同颜色的斑点。

3. 检查

（1）水分　按通则0832第二法测定，不得过13.0%。

（2）总灰分　按通则2302测定，不得过4.0%。

4. 浸出物

浸出物按通则2201项下的热浸法测定，用乙醇作溶剂，不得少于8.0%。

三、质量评价

1. 质量评价研究

影响药材质量的因素复杂多样，有遗传因子、生态因子、人为因子等，涉及种质、栽培技术、采收与加工、储存等环节，各因素及各环节的影响程度又直接关系药材品质的高低，药材品质又与其所含成分及其含量关系密切。

研究表明，鸡血藤不同产地其有效成分含量存在差异性。栽培过程施用不同的肥料种类也影响鸡血藤次生代谢物含量高低。鸡血藤切片的厚薄程度不一其醇溶性含量也不同。吕惠珍等通过对不同产地及生长年限鸡血藤药材的浸出物含量和灰分进行质量分析研究，发现不同产地其药材浸出物含量差别较大，变幅为1.16%～4.98%，随着年限增加，浸出物含量有所增加，而栽培4年后浸出物含量达到药典标准，部分产地栽培5年以上的药材其浸出物含量高于野生药材，且加工饮片不同厚度对浸出物含量有影响，薄片的浸出物含量高于厚片。另一研究表明，对不同栽培措施尤其不同肥料种类对鸡血藤中次生代谢物含量也具有一定影响，通过施放添加适量硼砂的农家肥有利于5年生栽培鸡血藤的醇溶性浸出物、总黄酮、原儿茶酸、儿茶素、表儿茶素等有效成分形成与积累。

　　此外，药材质量的评价方法和控制体系对药材质量的判断至关重要。现代中药研究认为，由于针对单个指标或多个指标成分进行药材质量控制研究，仍无法全面、有效评价中药材的内在质量，因此采用定量与定性相结合的综合评价方法更有利于评价药材的内在品质和质量。而一种药材其有效成分同样复杂多样，指标成分的筛选为质量评价提供了越来越多的参考价值。《中国药典》仅界定了鸡血藤性状、粉末、理化鉴定，仍缺乏有效指标的筛选及其含量内容。为不断补充和完善鸡血藤的药材质量控制方法，更多的研究指向鸡血藤化学、活性成分分析及综合性质量分析等方面。随着化学成分研究及药理药效研究的深入，鸡血藤被证实富含多种活性成分，如儿茶素是其促进造血功能的有效成分，原儿茶酸具有显著降低心肌耗氧量、提高心肌耐氧能力、减慢心率作用，芒柄花素为异黄酮类化合物，具有抗氧化、抗辐射、降低胆固醇作用，染料木苷为染料木黄酮的葡萄糖苷，其在体内经水解作用形成具有防癌、预防心血管疾病及植物雌激素活性的染料木苷黄酮。而芒柄花素被认为是鸡血藤质量指标的指示性成分，通过rRNA ITS2序列分析可指示鸡血藤中的芒柄花素含量明显高于混淆品的含量。采用薄层色谱法（TLC）鉴别鸡血藤片中的芒柄花素，用高效液相色谱法测定其含量，以十八烷基硅烷键合硅胶填充剂、以乙腈：水（33：67）为流动相，检测波长为250nm，柱温30℃，流速1.0ml/min时其色谱分离度效果最佳。结合反相高效液相色谱法（RP-HPLC）建立了鸡血藤指纹图谱和芒柄花素的含量测定方法，结果显示不同产地的鸡血藤指纹图谱相似度高且芒柄花素含量差异均较大，因此建立高效液相化学指纹图谱简便适用，被视为当前鸡血藤的药材质量控制的适宜方法。

药材质量安全直接关系药效的保障。如何在产地环境、种植生产到加工炮制过程中降低外源性有毒有害物质对药材质量的影响一直备受关注。《中国药典》未对鸡血藤药材的外源性有毒有害物质进行约定，因此参考《药用植物及制剂外经贸绿色行业标准》（WM/T2-2004），鸡血藤药材的农药残留量（六六六、DDT）、黄曲霉素、重金属及砷盐（Hg、Cd、As、Pb、Cu和重金属总含量）应符合相应要求，其中重金属总量应不得过20.0mg/kg，铅（Pb）应不得过5.0mg/kg，镉（Cd）应不得过0.3mg/kg，汞（Hg）应不得过0.2mg/kg，铜（Cu）应不得过20.0mg/kg，砷（As）应不得过2.0mg/kg，黄曲霉素B$_1$应不得过5μg/kg。农药残留量六六六应不得过0.1mg/kg，DDT应不得过0.1mg/kg。

2. 商品规格研究

目前我国国内鸡血藤药材多集中在广西、广东、云南、海南等主产地及其临近边境的药材交易点，而药材市场上鸡血藤的药材商品多为饮片，少量地方药材收购店、农贸市场或临时市集如端午药市存在少量长度不等的茎段药材，但多为产地收购商收购后过渡集中进行粗加工阶段的材料，大部分在产地或集散销往较大药材市场后都会进一步加工成饮片，再进入市场广泛流通或销往制药厂，加上这些未切片的茎段类药材不易干燥，使其难以成为鸡血藤的主流交易商品类型。

鸡血藤的商品规格根据药材来源及药材资源类型，分为进口野生、国产野生和栽培野生药材，规格等级又多按照切片的直径大小进行粗放划分为大中小不同等级，未进行切片大小筛选的混合商品则为统货。由于目前鸡血藤的国内野生药材收获量及流通量越来越少，因此多以统货为主，而国产栽培药材流通量比例也少，也未进一步细分为规格等级（图5-1～图5-4）。随着国内鸡血藤药材收购量的逐年减少，目前来自越南、老挝、柬埔寨等东南亚国家的野生鸡血藤成为我国鸡血藤主要商品药材。进口野生鸡血藤商品药材其切片直径总体比国产药材稍大，同心环或偏心环数也比国产药材多，环圈的血液状凝脂稍明显。国产鸡血藤药材不论野生或栽培药材，环圈数可见3圈以上，而进口药材

多见5~13圈，少量为3~4圈。进口野生药材商品切片厚度为0.3~1.0cm，片直径4~15cm。

图5-1　国产野生药材（统货）

图5-2　国产栽培药材（统货）

图5-3　进口野生药材（统货）

图5-4　进口野生药材（大片）

结合药材市场调查结果，为引导市场规范化管理，由华润三九医药股份有限公司、中国中医科学院中药资源中心、中药材商品规格等级标准研究技术中心多家单位联合承担的中华中医药学会团体标准《中药材鸡血藤商品规格等

级》，进一步明确了鸡血藤商品规格等级及其划分要求（表5-1），为鸡血藤的

商品流通提供了重要参考和指导依据。

表5-1　鸡血藤商品规格等级划分表

规格	等级	性状描述	
		共同点	区别点
进口野生	统货	产于越南、老挝等东南亚地区。干货。椭圆形、长矩圆形或不规则片状；厚0.3～1.0cm。质坚实。切面木部红棕色或棕色，导管孔多数；韧皮部有树脂状分泌物呈红棕色至黑棕色，与木部相间排列呈数个同心性椭圆形环或偏心性半圆形环	片型大小不一，片直径多在4～15cm之间，同心环或偏心环在3～13圈之间
	大片		片型大小均匀，片长轴直径平均在10cm以上，片短轴直径平均在5cm以上。同心环或偏心环在8圈之间
	中片		片型大小均匀，片长轴直径平均在6～10cm以上，片短轴直径平均在3.5～5cm之间。同心环或偏心环在5～8圈之间
	小片		片型大小均匀，片长轴直径平均在6cm以下，片短轴直径平均在3.5cm以下。同心环或偏心环在6圈以下
国产野生	统货	产于广东、广西、云南等地。干货。椭圆形片状；质坚实。切面木部红棕色或棕色，导管孔多数；韧皮部有树脂状分泌物呈红棕色至黑棕色，与木部相间排列呈数个同心性椭圆形环或偏心性半圆形环	
国产栽培	统货	产于广东、广西、云南等地。人工栽培。干货。椭圆形片状；质坚实。切面木部红棕色或棕色，导管孔多数；韧皮部有树脂状分泌物呈红棕色至黑棕色，与木部相间排列呈数个同心性椭圆形环或偏心性半圆形环。同心环或偏心环较规则，环数多在5圈以下。片直径多在4～8cm之间。外包装上标明产地	

第6章

鸡血藤现代研究
与应用

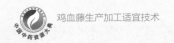

一、化学成分

鸡血藤化学成分复杂，主要含有黄酮类、木脂素类、萜类、甾醇类、蒽醌类、苷类、挥发性成分以及其他成分。

1. 黄酮类化合物

黄酮类化合物是鸡血藤的主要化学成分，其中部分化合物作为鸡血藤质量控制的指标性成分。其结构类型多样，分为主要有刺芒柄花素（formononetin）、芒柄花苷（ononin）、樱黄素（prunetin）、阿夫罗摩辛（afromosin）、大豆黄素（daidzein）、卡亚宁（cajinin）、奥刀拉亭（odoratin）、毛蕊异黄酮（calysosin）、染料木素（genistein）、野靛黄素（pseudobaptigenin）、黄苷草苷（glycyroside）等异黄酮类；密花豆素（suberectin）、柚皮素（naringenin）、甘草素（liquiritigenin）、异甘草素（isoliquiritigenin）、圣草酚（eriodictyol）、二氢槲皮素（dihydroquercetin）、二氢山柰酚（dihydrokaempferol）、黄苏木素（plathymenin）、染料木苷（genistin）、紫铆素等二氢黄酮及二氢黄酮醇类；甘草查尔酮（Licochacon A）、四羟基查尔酮、异甘草素（Isoliquiritigenin）、新异甘草素（Neoisoliquiritigenin）等查尔酮类；儿茶素（catechin）、表儿茶素（epicatechin）、没食子儿茶素（gallocatechin）、表食子儿茶素（Epigallocatechin）等花青素类；美迪紫檀素［（6aR,11aR）-medicarpin］、高丽槐素［（6aR,11aR）-

maackiain〕等紫檀烷类及异黄烷类。

2. 甾醇类

有豆甾醇（stigmasterol）、β-谷甾醇（β-sitosterol）、7-酮基谷甾醇β-胡萝卜苷（7-carbonyl-β-sitosterol）、芸苔甾醇（campesterol）、鸡血藤醇（malletol）等。

3. 蒽醌类

有大黄素甲醚（physcion）、大黄酚、大黄素（emodin）、大黄酸（rhein）、芦荟大黄酸（aloe-emodin）、15-O-（a-rhamnopyranosyl）-aloe-emodin。

4. 酚酸类及其苷类

酚酸类化合物具有很强的抗氧化活性和清除自由基的能力，是鸡血藤抗病毒、抗炎、抗氧化等活性成分。主要有香草酸（vanillic acid）、丁香酸（syringic acid）、琥珀酸（succinic acid）、白桦脂酸（betulinic acid）、Pyromucic acid、原儿茶酸（protocatechic acid）、丁香酸葡萄糖苷、顺式紫丁香苷、没食子酸等。

5. 木脂类

为近几年新分离获得化合物，主要有Prestegane B、（+）-medioresnol、（7S,8R）-erythro-4,9,9-trihydroxy-3,3-dimethoxy-8-O-4-neolignan-7-O-β-D-glucopyranoside、（7S,8R）-dihydrodehydrodi-coniferylalcohol-4-O-（β-D-

glucopyranoside）、（7*S*,8*R*）-3,3,5-trimethoxy-4,7-epoxy-8,5-neolignan-4,9,9-triol。

6. 萜类

有Blumenol A、（6*S*,7*E*,9*R*）-roseoside等单萜类及Lupeol、Lupeone、Betulinic acid、Friedelan-3*β*-ol、Friedemin、heteroclitalactones N等三萜类。

7. 挥发性成分

鸡血藤含有丰富的挥发油成分，主要有莰烯（camphene）、1,8-桉叶醇（1,8-cineol）、*β*-绿叶烯（*β*-patchoulene）、*β*-石竹烯（*β*-elemene）、*α*-蒎烯（*α*-pinene）、*β*-蒎烯（*β*-pinene）、香芹醇（carveol）、42-甲基六氢吡啶（42methyl six hudropy fidine）、52-甲基-232-己烯-222-酮（52methyl-232hexen-222one）、顺式2石竹烯（cis2caryophllene）、*n*-十六酸（*n*-hexadecanoic acid）、油酸（oleic acid）、9,12-十八碳二烯酸（9,12-octadecadienoic acid）等。

8. 其他成分

有羊红膻醇（thellungianol）、苜蓿酸（medicagemic acid）、表木栓醇（friedelan-3*β*-ol）、香豆醇（coumarin）、间苯三酚（m-trihydroxybenzene）、白芷内酯（angelicin）、棕榈酸乙酯（Ethyl Palmitate）、焦性粘液酸（pyromucic acid）等，以及Ca、Zn、Cu、Na、Mg、Fe、Mn、Mo、Ni等多种微量元素。

二、药理作用

鸡血藤主要具有改善血系统、抗肿瘤、抗病毒、抗氧化、抗血小板聚集、抗衰老、镇痛、对酪氨酸酶双向调节等作用。

1. 对血液系统的影响

鸡血藤能促进机体红细胞生成素分泌、成熟和释放，补充红细胞，维持红细胞的相对稳定而发挥补血作用；并可促使辐射小鼠的骨髓细胞跳出"G_1期阻滞"，加速小鼠骨髓细胞进入增殖周期，能显著促进小鼠骨髓细胞增殖，促进骨髓造血系统恢复。

2. 抗肿瘤作用

鸡血藤具有直接抗肿瘤活性，其提取物体外对肿瘤细胞系有广谱生长抑制作用；其分离组能诱导肿瘤细胞凋亡和抗肿瘤转移。鸡血藤水提物对人高转移巨细胞肺癌PG、人肠腺癌HT-29、人肺腺癌A549、人胰腺癌PANC-1、人肝癌SMMC-7721、大鼠小肠上皮细胞癌IEC-6等6种肿瘤细胞系均有一定生长抑制作用.黄酮类化合物可能是其抗肿瘤的有效成分。鸡血藤水煎醇提液提高荷瘤小鼠（S180）NK和LAK细胞活性，抑制巨噬细胞活性，其抗瘤作用可能与NK及LAK细胞活性提高有关。鸡血藤黄酮类组分体外对人肺癌（A549）和人大肠癌（HT-29）细胞系具有直接抗肿瘤作用，细胞周期阻滞是其药效作用机制之一，该组分无骨髓抑制作用，对红细胞生成有一定促进作用。鸡血藤抗肿瘤有效部位（SSCE）对人肺癌A549细胞具有直接杀伤作用，细胞周期受到干扰。主要表现为非凋亡性程序化细胞死亡。鸡血藤含药血清对白血病细胞株L1210肿瘤细胞增殖及其诱发的移植性肿瘤具有抑制作用。

3. 抗病毒作用

鸡血藤的醇提物、乙酸乙酯萃取物及水层留余物对单纯疱疹病毒Ⅰ型有明显的抑制作用，对甲型流感病毒，乙型肝炎病毒抑制作用次之；鸡血藤水提物能有效抑制柯萨奇病毒（CV）B3、CVB5、埃可病毒9（EV9）、EV29和脊髓灰质炎病毒（PVI）5种肠道病毒引发的细胞病变，且其抑制作用存在量效关系；鸡血藤不能阻止CVB3对非洲绿猴肾细胞系（VeroE6）的吸附作用，但可干扰CVB3侵染后病毒核酸的复制。

4. 抗氧化作用

抗氧化作用与化学成分的结构关系密切，Cai YZ等总结大量酚类成分的自由基清除活性，得出结论：具有邻二酚羟基结构的成分抗氧化能力最强，而鸡血藤中含有的黄酮类化合物的结构则具有这些特征，故具有抗氧化的活性，而这种活性是其他药理活性的基础，如抗肿瘤、心血管活性等。鸡血藤醇提物可浓度依赖性抑制Fe^{2+}+维生素C诱导的大鼠心、肝、肾MDA生成，以及浓度依赖性抑制酵母多糖A刺激大鼠中性白细胞生成O^{2-}，结果发现醇提物是通过清除·OH、O^{2-}和H_2O_2发挥抗氧化作用的。

5. 抗血小板聚集作用

鸡血藤水煎液按10、50g/kg灌胃，连续7天，能使血瘀模型大鼠颈动–静脉旁路血栓湿重降低，使大鼠血瘀模型血小板聚集率降低。

6. 抗衰老作用

每日分别用2.2、4.4、8.8g/kg的鸡血藤醇提物给衰老小鼠灌胃能使衰老小鼠血清和肝、肾组织中氧化亚氮合酶的活力不同程度升高。

7. 镇痛作用

25%、50%、100%的鸡血藤水煎液按每只0.2ml灌胃均可使热板法所致小鼠舔足的痛阈值明显提高，可使醋酸所致小鼠扭体潜伏期明显延长，扭体次数明显减少，可使热水所致小鼠缩尾潜伏期明显延长。

8. 对酪氨酸酶双向调节作用

鸡血藤提取物具有多酚类结构，通过消除自由基作用显示出较强的抗人表皮细胞色素沉着作用。涂彩霞等学者在研究47种治疗白癜风常用中药对酪氨酸酶的影响时发现，鸡血藤醇提取物对酪氨酸酶有激活作用。

9. 对急性肝损伤的保护作用

用鸡血藤的乙醇提取物大、中、小剂量（120、60、30mg/kg）组，于腹腔注射给予四氯化碳18小时后所致的急性肝损伤小鼠，结果表明鸡血藤乙醇提取

物各课题组肝组织操作程度较模型对照组轻，且随剂量的增加肝细胞坏死程度呈减轻的趋势。说明鸡血藤乙醇提取物对小鼠急性肝损伤具有保护作用；可能是通过清除氧自由基，抑制脂质过氧化来实现的。

10. 对急性心肌缺血的保护作用

采用结扎左冠状动脉前降支方法复制大鼠急性心肌缺血模型，观察鸡血藤总黄酮对大鼠急性心肌缺血模型的影响。结果表明鸡血藤总黄酮40和80mg/kg剂量组均能显著降低血清中的GOT、CK、LD活性和心肌组织中的MDA水平，升高心肌组织中的SOD活性，并可显著抑制心电图ST段的抬高幅度以及明显改善心肌组织的病理改变。说明鸡血藤总黄酮对结扎左冠状动脉前降支所致大鼠急性心肌缺血有明显的保护作用，作用机制可能与清除自由基和抗脂质过氧化有关。

11. 其他作用

鸡血藤除了上述药理作用外，还有一定的抗炎、降血压、降血脂、镇静、催眠、调节免疫等作用。

三、现代应用

（一）药品开发

鸡血藤用药历史悠久，传统用药上被认为是补血药，适用于贫血性神经麻痹症，以及妇女血瘀血虚之月经病症等。由于历史上产地和各地区用药习惯差异，造成学名、别名混杂，也给临床和研究带来了困惑。自《中国药典》正式确定其为密花豆干燥藤茎后，其现代应用研究不断深入，含有鸡血藤药物的中成药开发也得到了较好的传承和创新发展。

据初步统计，我国以鸡血藤为原料生产的中成药百余种，包括鸡血藤片、鸡血藤颗粒、妇科千金片、花红片、补肾固齿丸、骨友灵搽剂、通脉养心丸、万灵筋骨酒等，包括胶囊剂、丸剂、片剂、颗粒剂、糖浆剂、注射剂、酒剂、贴膏剂（外用）等多种剂型。这类药物多具有滋阴补血、祛风除湿、活血化瘀、清热解毒、舒筋活络等功能，适用于风寒湿凝滞筋骨证，以及伤损筋骨、气血两虚、肝肾亏虚、胞宫湿热、瘀滞筋骨、气滞血瘀、肾虚血瘀、心血瘀阻、瘀阻脑络、肾虚肾亏、心神不宁、心阴血虚等症，主治痹病、带下病、月经失调、跌打损伤、眩晕、腰痛、遗精、不寐、痛经、虚劳、胸痹、心悸等病。大部分中成药很好地发挥了鸡血藤补血活血、舒筋活络的作用。

同时，随着鸡血藤现代药理研究和临床应用的深入发掘，鸡血藤还具有抗炎、抗肿瘤、抗病毒、调节免疫以及抑制血小板聚集等作用。因此包含有鸡血藤的中成药如丹姜二白丸、芪术口服液、生红颗粒、龟鹿益髓胶囊、步长脑心通胶囊、通脑溶栓胶囊、舒脊片、益气化瘀胶囊等的质量控制及产品开发研究等，多用于风湿性关节炎、腰椎间盘突出、乳腺增生、小儿营养性贫血、缺血

性脑损伤，以及肿瘤患者放化疗后引起的白细胞、血小板减少症，血管瘀，辐射损伤等病症。

此外，以鸡血藤为原料开发的中药成药制剂获得的专利达到上百项，包括祛风止痒胶囊、净肤灵、紫晴除障丸、促卵复孕丸、养胎阿胶丸等。随着鸡血藤系列药品的开发应用，揭示鸡血藤具有广阔的应用开发和市场前景。

（二）临床应用

鸡血藤在临床上用于治疗多种病症，多用于妇科类疾病上，同时在慢性病治疗上也有较好的疗效，重用鸡血藤时，又有不同的效果，现总结如下。

1. 血液及心血管系统疾病

（1）贫血 现代药理研究证明鸡血藤有补血作用，能使血细胞增加，血红蛋白升高。临床上治疗缺铁性贫血（鸡血藤30g，大枣10g，每日一剂，水煎3次，分3次服）；失血性贫血（鸡血藤30g，当归10g，黄芪30g）；炎症性贫血于清热解毒、活血化瘀、托毒排脓方中加鸡血藤30g；肾性贫血（鸡血藤、黄芪、党参、白术各15g，丹参、姜半夏、阿胶[烊化]、淫羊藿各10g，牡砺30g，鱼腥草15g，大黄、鹿衔草各10g）。

（2）风湿性心脏病 用鸡血藤、当归、川芎、瓜蒌壳、薤白、五味子、回心草、炙远志、北沙参、桂枝、威灵仙、琥珀末、竹茹、炙甘草等水煎服；随后长期服用鸡血藤膏（云南腾冲制药厂生产，由鸡血藤、鲜川牛膝、红花、黑豆及糯米浆、饴糖，浓缩成膏）。

（3）血友病 重用鸡血藤（鸡血藤50g，黄芪、党参、土炒白术、茯苓各

10g，甘草3g，大枣10g。

（4）放疗引起的白细胞减少症 鸡血藤300g，加水1500ml，文火煎至

600ml。每次服50ml，每日4次，10天为1个疗程。

（5）化疗致血小板减少症 单味鸡血藤或配伍其他药（生黄芪、当归、鸡

血藤、陈皮、清半夏、太子参、茯苓、白术、山药、补骨脂、柴胡、白茅根、

黄连）治疗化疗所致血小板减少症。用量一般为15～45g。

（6）再生障碍性贫血 单用鸡血藤60～120g，水煎服，每日1剂。长期服

用可治疗再生障碍性贫血所致头痛、头晕、手足麻木等。

（7）脑溢血后遗症 鸡血藤汤加减（鸡血藤、丹参各50g，当归、杜仲、

桑寄生、豨莶草、陈皮各20g，红花15g），水煎2次，取汁2杯，分2次温服，忌

食辛辣黏腻腥臭之品。连服7剂后，仍以原方加牛膝、桑枝各20g，连服5剂。

继续上方加减30剂，生活可以自理。

2. 神经系统疾病

（1）血管痉挛性头痛 重用鸡血藤治疗血管痉挛性头痛，有镇静、催

眠、解痉、止痛及补血行血的功效。用鸡血藤30g，葛根18g，川芎10g，蔓荆

子15g，细辛5g，白蒺藜15g，薄荷9g，菊花9g，五味子、当归各15g，酸枣仁

18g，水煎服。

（2）顽固性失眠　用鸡血藤熬膏内服（鸡血藤500g，加水2000ml，熬至1000ml，浓缩后加红糖适量收膏。每次用黄芪20g，煎水冲服鸡血藤膏20g，每日3次），治疗顽固性失眠效果良好。

（3）面神经麻痹　以鸡血藤为主药，配合羌活牵正散治疗面神经麻痹，取得显著疗效。初期半月以内，以疏风散邪为主、活血通络为辅，鸡血藤用量为10～15g；1～3个月，以活血通络为主，疏风散邪为辅，鸡血藤用量为30～60g；3个月以上的后遗症较难治疗，以活血化瘀、豁痰通络为主，佐以祛风散邪，兼除顽痰，鸡血藤用量90～150g，白附子30g，才有良效。

（4）重症肌无力　鸡血藤400～600g水煎代茶饮。或者以补中益气汤加味，重用鸡血藤。

（5）坐骨神经痛　鸡血藤250g，川牛膝、桑寄生各100g，老母鸡1只，药物布包与鸡同煮，至肉脱骨为度，食肉喝汤。

（6）长春新碱所致神经毒性　鸡血藤、白芍30g，生地黄、丹参、女贞子各20g，黄芪、太子参、当归、白花蛇舌草各15g，地龙、甘草各10g。上肢麻木重者加桑枝20g，下肢麻木重者加川牛膝20g，每日1剂，水煎2次，共取汁250ml，早晚分服，7天为一疗程，用药1～2个疗程。

（7）糖尿病性周围神经性病变　用鸡血藤、赤芍、苏木等组成糖尿宁口服液（每1ml含生药2.5g）每次50ml，每日3次口服，4周为一疗程。

3. 结缔组织病

硬皮病在辨证组方的同时加入鸡血藤，治疗局限性硬皮病，效果显著。

4. 外科疾病

（1）肩周炎　用鸡血藤30g，威灵仙、白芷、姜黄各20g，制川乌15g，共碾为粗末，取白酒1000ml，加冰糖100g，枸杞子15g，浸泡1个月后，去滓澄清，半瓶备用，内服每次10ml，每日2次，同时用药酒搓擦患处，每次10分钟，每日2次。

（2）寒湿痛痹证　鸡血藤汤加味[鸡血藤50g，当归、红花、防己、川牛膝各20g，丹参30g，桃仁、附子（先煎）各10g，木瓜15g，蜈蚣2条]，水煎2次，取汁3杯，每日2次温服。连服3剂后，在原方中去防己加大熟地30g，鹿角胶10g，连服11剂。

（3）风湿性关节炎　鸡血藤30g，地龙40g，熟地、白芍各20g，穿山甲、当归、天麻、威灵仙、防风、桂枝、川乌各10g，络石藤、忍冬藤各15g，甘草6g，水煎服，每日1剂，10天为一疗程。

5. 妇科疾病

（1）经行身痛　经行身痛分为血虚、血瘀两种。血虚型的为养血益气汤，以大剂量鸡血藤30～60g为主药，配黄芪30g，当归20g，白芍30g，山茱萸10g。

血瘀型的养血祛风汤，用鸡血藤30～60g，黄芪30g，当归20g，白术15g，炙甘草6g，桂枝、独活各9g，牛膝10g，桑寄生15g，薤白10g，生姜3片）。

（2）抗子宫内膜抗体阳性不孕　鸡血藤50g，经适当配伍，如瘀血疼痛明显加三棱、五灵脂、延胡索；肾阳虚加当归，水煎服。药渣加少量酒再煎，热敷下腹部，每日1次，2个月为1个疗程，一般1～2个疗程后EMAb可转阴，继续调理至受孕。

6. 消化系统疾病

（1）急性腹泻　鸡血藤60g，煎至200ml，每日分2～3次服。

（2）慢性阑尾炎　鸡血藤60g，水煎2次，合并煎煮液分2次服，每日1剂。

（3）慢性食道炎　鸡血藤30g，沙参15g，天花粉20g，当归12g，玉竹12g，瓜蒌皮15g，田七末6g，生甘草8g。每日1剂，水煎2次温服。服药3天后，症状明显减轻，仅有食后恶心感。原方半夏增量至15g，继进5剂，诸症尽除。原方半夏用量9g，加黄芪15g，党参15g。连服1个月后痊愈。

（4）慢性胃炎　鸡血藤、谷芽各20g，党参、白术各12g，茯苓、丹参各15g，半夏、陈皮各10g，木香、砂仁、炙甘草各8g，田七末6g。每日1剂，水煎温服2次。

（5）慢性直肠炎　以香连丸为基础加味。方药组成：黄连10g，木香10g，厚朴12g，砂仁8g，地榆15g，槐米15g，鸡血藤30g，桔梗30g，丹参18g，茯苓

15g，薏米15g，草薢15g，甘草8g。每日1剂，水煎温服2次。

7. 泌尿系统疾病

慢性前列腺炎：木通10g，栀子10g，滑石20g，黄柏10g，车前子12g，萹

蓄15g，草薢15g，薏苡仁15g，鸡血藤20g，丹参15g，桔梗15g，琥珀末8g，甘

草8g。每日1剂，水煎温服2次。15天后原方去木通、滑石，加党参、淮山药、

茯苓各15g，服1个月。

8. 临床上鸡血藤大剂量应用的用药安全

鸡血藤临床常用剂量为9～15g，大剂量使用时虽有不同的治疗作用，但也

有中毒死亡的报道，犬静脉注射相当生药4.25g/kg的鸡血藤酊剂时中毒死亡，

提示在剂量使用鸡血藤时仍应注意用药安全。

（三）食品及其他

除了用做药物治疗外，鸡血藤还用在食补上及其他应用上。

民间有用鸡血藤与鸡蛋同煮做成鸡血藤蛋汤食用治疗月经不调、体虚贫

血。用鸡血藤泡酒用于补血活血、舒筋活络。此外，亦有用鸡血藤开发出保健

茶、鸡血藤洗发露、足浴液等。

有报道用鸡血藤的乙醇提取物添加到卷烟制品中，能显著提高烟气的细腻

度，改善口感舒适度，降低刺激。

用鸡血藤提取的天然染料对蛋白质、锦纶纤维、纱线或织物均具有良好的

染色效果。并且从植物鸡血藤中提取天然染料染色后织物穿着安全，不会有致癌、致畸作用或引起过敏反应；与生态环境相容性好，可生物降解；而且鸡血藤原料丰富，染料提取工艺简单，质量稳定，使用方便，是一种性能优良的红棕色天然染料，其市场前景将是十分广阔。

傅建军等研究了鸡血藤对金鱼体色的影响，通过在鱼饲料中添加一定比例的鸡血藤来投喂。结果表明投喂4周添加3%含量的鸡血藤，金鱼体色增色效果最佳。

李爱远还在产蛋母鸡的日粮中加入了鸡血藤，以观察鸡血藤对蛋壳的着色效果，结果表明加入鸡血藤的鸡饲料进行喂养，能使褐蛋壳颜色加深而增加滑丽度，而当每只鸡若连续3天投入鸡血藤不足110mg时，它的蛋壳颜色就会下降。

参考文献

［1］国家药典委员会. 中华人民共和国药典一部［M］. 2015年版. 北京：中国医药科技出版社，2015：194.

［2］中国科学院中国植物志编辑委员会. 中国植物志［M］. 第二十九卷. 北京：科学出版社，2001：305-306.

［3］中国科学院中国植物志编辑委员会. 中国植物志［M］. 第三十卷第一分册. 北京：科学出版社，1996：238-240，265.

［4］中国科学院中国植物志编辑委员会. 中国植物志［M］. 第四十卷. 北京：科学出版社，1994：162-191.

［5］中国科学院中国植物志编辑委员会. 中国植物志［M］. 第四十一卷. 北京：科学出版社，1995：179-193.

［6］黄璐琦，肖培根，王永炎. 中国珍稀濒危药用植物资源调查［M］. 上海：上海科学技术出版社，2012：545.

［7］邓家刚，韦松基. 广西道地药材［M］. 北京：中国中医药出版社，2011：205-215.

［8］徐国钧，徐珞珊. 常用中药材品种整理和质量研究［M］. 第二册. 福州：福建科学技术出版社，1997：529.

［9］徐鸿华. 30种岭南中药材规范化种植（养殖）技术［M］. 广州：广东出版社，2011：818-857.

［10］崔艳君，刘屏，陈若芸. 鸡血藤的化学成分研究［J］. 药学学报，2002，37（10）：784-787.

［11］崔艳群，刘屏，陈若芸. 鸡血藤有效成分研究［J］. 中国中药杂志，2005，30（2）：121-123.

［12］傅建军，张建新. 鸡血藤对金鱼增色作用的研究［J］. 兽药与饲料添加剂，2008，13（5）：4-6.

［13］高玉琼，刘建华，赵德刚，等. 不同产地鸡血藤挥发性成分研究［J］. 中成药，2006，28（4）：555-557.

［14］黄雪彦，吕惠珍，彭玉德，等. 鸡血藤扦插繁殖技术研究［J］. 安徽农业科学，2010，11：5621-5622+5635.

［15］康淑荷，马惠玲，黄涛. 鸡血藤精油化学成分研究［J］. 西北民族大学学报（自然科学版）. 2003，24（3）：21-23.

［16］赖自武. 鸡血藤人工栽培技术［J］. 临沧科技. 2005，1：48.

［17］李爱远. 用鸡血藤作褐壳鸡蛋的着色剂［J］. 江西畜牧兽医杂志，1998（3）：46.

［18］李丽，王林萍. 鸡血藤总黄酮对大鼠急性心肌缺血的保护作用［J］. 中成药，2015，37（10）：2303-2306.

［19］卢沅沅，韦贵方，黄诚. 鸡血藤扦插与压条繁殖方法［J］. 农业研究与应用，2013，05：69-70.

［20］吕惠珍，黄雪彦，梁定展，等. 鸡血藤扦插育苗技术［J］. 北方园艺，2010，20：183-184.

［21］吕惠珍，吴庆华，黄宝优，等. 鸡血藤规范化生产技术规程［J］. 现代中药研究与实践，2012，02：8-10.

［22］彭成. 中华道地药材［M］. 北京：中国中医药出版社，2011：2029-2040.

［23］曲芬霞，吴桂容，李忠芳，等. 鸡血藤硬枝扦插繁殖技术研究［J］. 浙江林业科技，2010，30（6）：48-51.

［24］史晓普，刘洋，王景迪，等. 鸡血藤乙醇提取物对四氯化碳所致小鼠急性肝损伤的保护作用［J］. 延边大学医学学报，2015，38（2）：99-101.

［25］舒顺利，应军，刘军民，等. 鸡血藤化学成分研究［J］. 中药新药与临床药理，2012，23（2）：184-186.

［26］苏浑兰，余炳锋，黄广上. 鸡血藤扦插繁殖技术的研究［J］. 科技风，2015，3：98-99.

［27］唐任能，曲晓波，关树宏，等. 鸡血藤的化学成分［J］. 中国天然药物. 2012，10（1）：32-35.

［28］滕婧，梁敬钰，陈莉. 鸡血藤的研究进展［J］. 海峡药学，2015，27（3）：1-6.

［29］韦麟，潘炳堂，黄礼周，等. 鸡血藤临床应用概述［J］. 中国民间疗法. 2007，15（5）：63-64.

［30］吴蔓，刘军民，翟明. 不同产地鸡血藤藤茎挥发性成分的GC-MS分析［J］. 中国中医药现代远程教育，2011，9（9）：149-150.

［31］吴蔓. 鸡血藤种子特性研究［J］. 中国中医药现代远程教育，2011，23：132-133.

［32］吴忠早. 鸡血藤在慢性病中的应用［J］. 中国社区医师. 2003，19（16）：35-36.

［33］薛采秋. 鸡血藤临床大剂量应用概述［J］. 实用中医药杂志. 2005，21（1）：59.

［34］闫家河，李双云，何邦令，等. 国槐新害虫—鸡血藤棕麦蛾生物学特性及防治［J］. 山东林业科技，2007，02：20-22.

［35］严启新，李萍，王迪. 鸡血藤脂溶性化学成分的研究［J］. 中国药科大学学报，2001，32（5）：336-338.

［36］尹海全. 一种鸡血藤活血舒筋足浴液及其制备方法［J］. 中国. 201410636209. 7. 2016-06-08.

［37］余弯弯，双鹏程，张凌. 鸡血藤化学成分及药理作用研究概况［J］. 江西中医药大学学报，

2014, 26（4）: 89-92.

[38] 翟明, 赵莹, 林大都, 等. 鸡血藤化学成分研究 [J]. 嘉应学院学报（自然科学）. 2015, 33
（5）: 51-53.

[39] 赵庆芳, 夏泉, 孔杰, 等. 商品鸡血藤的研究进展 [J]. 中草药, 2001, 32（5）: 462-464.

[40] 浙江理工大学, 杭州万事利丝绸科技有限公司. 鸡血藤天然染料的制备及其应用. 中国.
200610155509. 9. 2007-07-11.

[41] 中国烟草总公司郑州烟草研究院. 鸡血藤提取务的制备方法及其在卷烟中的应用. 中国.
201010192134. X. 2010-10-20.

[42] Mei-Hsien Lee,Yi-Pei Lin,Feng-lin Hsu,et. Bioactive constituents of Spatholobus suberectus in
regulating tyrosinase-related proteins and mRNA in HEMn cells [J]. PHYTOCHEMISTRY.
2006（67）: 1262-1270.

[43] Pham Thi Hong Minh,Do Tien Lam,Nguyen Qyuet Tien,et. New Schiartane-type Triterpene from
Kadsura heteroclite and Their Cytotoxic Activities [J]. Natural Product Communications. 2013,
11（0）: 1-2.

[44] 唐建维, 张建侯, 宋启示, 等. 西双版纳鸡血藤次生群落的特征分析 [J]. 广西植物, 1997,
17（4）: 338-344.